Ulrich Schmidt
Architektur eines Koordinatentransformators
für sechsachsige Industrieroboter

Hochschultexte
Informatik

herausgegeben von
Dr. Patrick Horster
TU Hamburg-Harburg

Ulrich Schmidt

Architektur eines Koordinatentransformators für sechsachsige Industrieroboter

Dr. Alfred Hüthig Verlag Heidelberg

Diejenigen Bezeichnungen von im Buch genannten Erzeugnissen, die zugleich eingetragene Warenzeichen sind, wurden nicht besonders kenntlich gemacht. Es kann also aus dem Fehlen der Markierung® nicht geschlossen werden, daß die Bezeichnung ein freier Warenname ist. Ebensowenig ist zu entnehmen, ob Patente oder Gebrauchsmusterschutz vorliegen.

CIP-Titelaufnahme der Deutschen Bibliothek

Schmidt, Ulrich:
Architektur eines Koordinatentransformators für sechsachsige Industrieroboter / Ulrich Schmidt. – Heidelberg : Hüthig, 1988
(Hochschultexte Informatik ; Bd. 9)
Zugl.: Aachen, Techn. Hochsch., Diss., 1988
ISBN 3-7785-1690-6
NE: GT

Meinen lieben Eltern gewidmet

Vorwort

Die vorliegende Arbeit entstand während meiner Tätigkeit als wissenschaftlicher Mitarbeiter am Rogowski-Institut für Elektrotechnik der RWTH Aachen. Dort arbeitete ich im Teilprojekt Gl "Rechnerstrukturen für die Robotersteuerung" innerhalb des von der Deutschen Forschungsgemeinschaft eingerichteten Sonderforschungsbereichs 208 "Grundlagen und Komponenten flexibler Handhabungsgeräte im Maschinenbau".

Dem Institutsdirektor, Herrn Prof. Dr.-Ing. Walter Ameling, danke ich für die Möglichkeit, auf diesem interessanten Gebiet arbeiten zu können, für die großzügige Unterstützung bei der Durchführung des Forschungsvorhabens und für die Übernahme des Referates.

Herrn Prof. Dr. rer. nat. Dieter Haupt, Inhaber des Lehrstuhls für Betriebssysteme an der RWTH Aachen, gilt mein Dank für sein Interesse an meiner Arbeit und für die Übernahme des Korreferates.

Besonderen Dank schulde ich Herrn Dr.-Ing. Reinhold Gebhardt für die kritische Durchsicht des Manuskripts sowie zahlreiche anregende und faire Diskussionen, ferner meinen Kollegen aus der Forschungsgruppe "Rechnerstrukturen" und aus den anderen Gruppen des Rogowski-Instituts. Herrn Khosrow Abbasi schließlich danke ich für die Mithilfe beim Anfertigen der Zeichnungen.

Aachen, im August 1988 Ulrich Schmidt

Inhaltsverzeichnis

Bezeichnungen

Vektoren und vektorwertige Funktionen werden durch unterstrichene Kleinbuchstaben, Matrizen und Koordinatensysteme durch nicht unterstrichene Großbuchstaben gekennzeichnet.

$\underline{p}$	Translationsvektor
$\underline{n}$, $\underline{o}$, $\underline{a}$	Orthonormalvektoren des Greiferkoordinatensystems
$\underline{x}$	Vektor der Weltkoordinaten
$\underline{q}$	Vektor der verallgemeinerten Gelenkkoordinaten
$\underline{f}(\underline{q})$	vektorwertige Funktion der verallgemeinerten Gelenkkoordinaten
$\underline{f}^{-1}(\underline{x})$	vektorwertige Umkehrfunktion der Weltkoordinaten
G_i	i-tes Gelenk, $i = 1 \, .. \, n$
K_i	mit dem Gelenk G_{i+1} fest verbundenes Koordinatensystem
x_i, y_i, z_i	Achsen des Koordinatensystems K_i
J	Funktionalmatrix
J^{-1}	Inverse der Funktionalmatrix
A_i	homogene Transformationsmatrix zwischen K_{i-1} und K_i
a_i	Achsabstand (Normalenabstand zwischen z_{i-1} und z_i)
d_i	Achslänge (fest für Drehachsen, variabel für Schubachsen)
θ_i	Drehwinkel (fest für Schubachsen, variabel für Drehachsen)
α_i	Kreuzungswinkel zwischen zwei Achsen
R	Kennbuchstabe für eine Drehachse (Rotationsachse)
T	Kennbuchstabe für eine Schubachse (Translationsachse)
U, V, W	Kennbuchstaben für eine Achse in x_0-, y_0-, z_0-Richtung
A, B, C	Kennbuchstaben für eine Drehachse in x_0-, y_0-, z_0-Richtung
X, Y, Z	Kennbuchstaben für eine Schubachse in x_0-, y_0-, z_0-Richtung

1. Einleitung

Moderne Industrieroboter sind komplexe mechanische Systeme, die sich durch hohes Tragvermögen sowie schnelles und genaues Positionieren auszeichnen. Um solche Systeme zu steuern, muß eine Vielzahl von Komponenten zusammenwirken. Geometrie, Kinematik und Dynamik eines Roboters liefern die mathematischen Modelle, welche der Steuerung des Greifers wie auch der Steuerung jeder einzelnen Achse zu Grunde liegen. Sensoren von der stereoskopischen CCD-Kamera bis hinunter zum Dehnungsmeßstreifen schließen die Regelkreise auf allen Ebenen der Steuerungshierarchie. Pneumatische, hydraulische oder elektrische Antriebe setzen schließlich die Steuerbefehle in entsprechende Stellgrößen um.

Ziel jeder Robotersteuerung ist es, eine vom Benutzer vorgegebene Bahn möglichst effizient zu verfahren (zeit- und/oder energieoptimal). Die Bahnkurve legt dabei für jeden Bahnpunkt Position und Orientierung des Greifers fest; oft werden auch Geschwindigkeit und Beschleunigung vorgegeben. Soll darüber hinaus ein Arbeitsgang im Kontakt mit einem Werkstück stattfinden (z.B. bei der Konturverfolgung oder bei einem Fügevorgang), so sind auch die in jedem Punkte aufzubringenden Kräfte und Momente Teil der Bahnspezifikation. Nun muß die Robotersteuerung diese Bahnwerte in entsprechende Stellungen, Geschwindigkeiten, Beschleunigungen, Kräfte und Momente der einzelnen Achsen umrechnen; diesen Vorgang nennt man *Koordinatentransformation*.

Die Koordinatentransformation ist im allgemeinen nicht in geschlossener Form darstellbar, es sei denn, die kinematische Struktur des betrachteten Roboters wird in bestimmter Weise eingeschränkt, beispielsweise durch das Verbot schiefwinkliger Achsanordnung. Will man die Transformation in voller Allgemeinheit durchführen, also für Roboter mit beliebiger kinematischer Struktur, so führt der Rechengang auf ein nichtlineares, stark gekoppeltes Gleichungssystem, dessen iterative Lösung einen sehr hohen Rechenaufwand erfordert. Will man hingegen die Koordinatentransformation on-line durchführen, so muß man sich - zumindest bei einer reinen Softwarelösung - auf spezielle Robotergeometrien beschränken. Es verwundert daher nicht, daß die meisten der am Markt erhältlichen Roboter eben solche Spezialgeometrien aufweisen.

Es liegt jedoch im Interesse des Roboterkonstrukteurs, sachfremde Einschränkungen bei der Wahl der konstruktiven Parameter möglichst zu vermeiden. Daher sollte die Koordinatentransformation für eine möglichst große Klasse kinematischer Strukturen mit noch vertretbarem Rechenaufwand in Echtzeit durchführbar sein. Diese Forderung kann durch Entwicklung einer auf den Transformationsalgorithmus abgestimmten Rechnerarchitektur erfüllt werden.

In dieser Arbeit wird ein effizienter, zweistufiger Algorithmus für die Koordinatentransformation bei sechsachsigen Industrierobotern vorgestellt. Dieser Algorithmus berechnet die Gelenkstellungen bei gegebener Greiferstellung für alle sechsachsigen Robotern mit paralleler und senkrechter Achsanordnung in Echtzeit. Hierbei wird Echtzeit definiert als eine Transformationszeit von höchstens 1 ms, entsprechend einer Abtastrate von 1 kHz. Demgegenüber beträgt die Transformationszeit bei heutigen Robotersteuerungen je nach Allgemeinheit des Verfahrens etwa 10 - 100 ms. Somit verbessert die in der vorliegenden Arbeit entwickelte Kombination aus Transformationsalgorithmus und Rechnerarchitektur das Zeitverhalten um ein bis zwei Größenordnungen.

Die Betonung der Effizienz erscheint gerechtfertigt, wenn man bedenkt, welch zentrale Stellung die Koordinatentransformation innerhalb des Gesamtsystems "Robotersteuerung" einnimmt. So hat Bohr für eine 6-Achsen-Bahnsteuerung errechnet, daß etwa 60-70 % der Gesamtrechenleistung für die Koordinatentransformation aufgewendet werden müssen, und dies trotz Laufzeitoptimierung der Transformation durch Methoden der Vektorgeometrie /Bohr 83/.

Je schneller Industrieroboter werden, desto höher werden auch die Anforderungen an die Leistungsfähigkeit der Robotersteuerung. Ein flexibler Einsatz setzt eine on-line-fähige Bahnplanung voraus, da nur so die Bahn im Falle drohender Kollisionen mit beweglichen Hindernissen modifiziert werden kann. Jede Bahnkurve wiederum muß an so vielen Stützstellen abgetastet werden, wie erforderlich ist, um Bahnabweichungen unter einem vorgegebenen Wert zu halten. Für genaues *und* schnelles Bahnfahren sind heute Abtastraten von etwa 1 kHz erforderlich. Da nun jeder Bahnpunkt mittels Koordinatentransformation in entsprechende Gelenkstellungen umgerechnet werden muß, begrenzt die Transformationszeit die Abtastrate der Robotersteuerung.

Bei der Entwicklung des hier vorgestellten Algorithmus wurde besonderer Wert auf eine relativ einfache Umsetzbarkeit in eine entsprechend leistungsfähige Rechnerarchitektur gelegt. Der in Kapitel 5 näher beschriebene Vektorprozessor ist für die parallele Ausführung von Gleitkommaadditionen und -multiplikationen ausgelegt; diese Rechnerstruktur findet ihr algorithmisches Gegenstück in der Eliminierung aller transzendenten Funktionen sowie in der Minimierung von Divisionen und Wurzeloperationen in der Hauptschleife des Transformationsalgorithmus.

In Kapitel 2 wird zunächst das inverse kinematische Problem bei Industrierobotern vorgestellt. Nach einem Überblick über den Stand der Forschung betrachten wir das mathematische Modell der Roboterkinematik. Die kinematische Struktur von Industrierobotern wird duch fest mit den einzelnen Gelenken verbundene Koordinatensysteme beschrieben, deren jeweilige Stellung zueinander durch homogene Transformationsmatrizen eindeutig festgelegt ist. Durch geeignete Wahl der Grundstellung kann der Rechenaufwand bei der Koordinatentransformation vermindert werden. Weiterhin werden in diesem Kapitel singuläre Stellungen und deren Auswirkungen auf die Koordinatentransformation untersucht.

In Kapitel 3 wird der zweistufige Algorithmus für die Koordinatentransformation entwickelt. Es werden zunächst die Voraussetzungen für eine sinnvolle Aufteilung der kinematischen Kette diskutiert. In der iterativen Oberstufe des Algorithmus wird die sechsgliedrige kinematische Kette in zwei Teilketten zu je drei Gliedern aufgespalten. Unter der Annahme, daß die ersten drei Achsen hauptsächlich der Positionierung, die letzten drei Achsen hauptsächlich der Orientierung des Greifers dienen, werden nun die jeweils drei Gelenkvariablen der beiden Teilketten getrennt und abwechselnd berechnet; der Fehler, der dadurch entsteht, daß nicht alle sechs Gelenkvariablen gleichzeitig berechnet werden, ist umso kleiner, je besser die gemachte Annahme zutrifft. In der analytischen Unterstufe des Algorithmus werden die Positions- und Orientierungsgleichungen durch Fallunterscheidung gelöst. Dies gestattet eine sehr effiziente Formulierung der einzelnen Fälle. Die Fallunterscheidungen folgen der in /Schopen 86/ erarbeiteten Systematik der Haupt- und Nebenstrukturen. Den Abschluß dieses Kapitels bilden eine Konvergenzbetrachtung und eine Aufstellung der arithmetischen Kosten.

In Kapitel 4 werden die Haupt- und Nebenstrukturen fallweise analytisch gelöst. Obwohl eine Herleitung der Lösung unter ausschließlicher Verwendung der Transformationsmatrizen möglich wäre, werden die einzelnen Strukturen geometrisch gelöst, um den Rechengang anschaulich zu machen; eine solche Vorgehensweise unterstützt den Benutzer auch bei der Auswahl einer von bis zu acht alternativen Gelenkstellungen. Der Sonderfall paralleler Drehachsen wird getrennt diskutiert. Bei allen untersuchten Fällen wird neben der Lösung auch der Rechenaufwand angegeben, aufgeschlüsselt nach Wurzeloperationen, Divisionen, Multiplikationen und Additionen. Außerdem werden alle alternativen Gelenkstellungen sowie alle singulären Stellungen angegeben.

Kapitel 5 befaßt sich mit Entwurf und Aufbau einer auf den Transformationsalgorithmus abgestimmten Rechnerarchitektur. Dazu werden zunächst die Anforderungen an eine solche Architektur untersucht; diese ergeben sich aus Art und Ausmaß der einzelnen Elementaroperationen, dem Parallelitätsgrad des Algorithmus, etwaigen Datenabhängigkeiten, der geforderten Genauigkeit der Arithmetik und der geforderten Rechenleistung (in Gleitkommaoperationen pro Sekunde). Es zeigt sich, daß eine Vektorprozessorarchitektur mit parallel arbeitenden Addier- und Multiplizierwerken eine adäquate Lösung darstellt. Das Kapitel geht sodann auf Hard- und Software des realisierten Vektorprozessors ein, unter besonderer Berücksichtigung der Frage, wie solche parallelen Systeme mit Pipeline-Struktur möglichst effizient genutzt werden können.

Kapitel 6 faßt die Ergebnisse dieser Arbeit zusammen.

2. Das inverse kinematische Problem bei Industrierobotern

2.1 Vorwärts- und Rückwärtsrechnung

Ein frei beweglicher, starrer Körper hat im Raum sechs Freiheitsgrade der Bewegung, drei translatorische und drei rotatorische. Die translatorischen Freiheitsgrade legen seine *Position* fest, während die rotatorischen seine *Orientierung* bestimmen. Position und Orientierung zusammen ergeben die *Stellung* eines Körpers, d.h. seine Verschiebung und Verdrehung gegenüber einem Bezugskoordinatensystem.

Bei Industrierobotern werden translatorische Bewegungen durch Dreh- und Schubachsen, rotatorische Bewegungen durch Drehachsen realisiert. Der mit Hilfe dieser Achsen bewegte Körper soll allgemein als *Greifer* bezeichnet werden, auch wenn er nicht in erster Linie für Greifaufgaben ausgelegt ist. Ein mit dem Greifer fest verbundenes Werkzeug (z.B. eine Schweißzange) wird hierbei als Teil des Greifers angesehen. Eine Bewegung der Drehachsen verändert im allgemeinen sowohl Position als auch Orientierung des Greifers, während eine Schubachsenbewegung nur die Greiferposition beeinflußt.

Um nun ein Werkstück in eine beliebige Stellung zu bringen, muß ein Roboter mindestens sechs Achsen haben. In der Industrie sind auch Roboter mit weniger als sechs Achsen im Einsatz, da je nach Aufgabenstellung die volle Bewegungsfreiheit nicht erforderlich ist (so kann z.B. bei der Handhabung rotationssymmetrischer Teile ein Orientierungsfreiheitsgrad entfallen). Bei mehr als sechs Achsen erhöht sich zwar die Anzahl der Freiheitsgrade nicht, der Roboter kann aber flexibler eingesetzt werden; ein so komplexes Gebilde wie die menschliche Hand hat beispielsweise 22 "Bewegungsachsen" /Blume 81/.

Die Glieder eines Roboters werden durch Dreh- und Schubgelenke miteinander verbunden; die dadurch entstehende Gesamtstruktur nennt man *kinematische Kette*. Die einzelnen Glieder der Kette führen entweder Drehbewegungen um eine Gelenkachse oder Schubbewegungen entlang einer Gelenkachse aus; der *Drehwinkel* θ_i bzw. die *Verschiebung* d_i sind ein quantitatives Maß für diese Bewegung. Bei Drehgelenken ist θ variabel und d konstant, bei Schubgelenken ist θ konstant und d variabel.

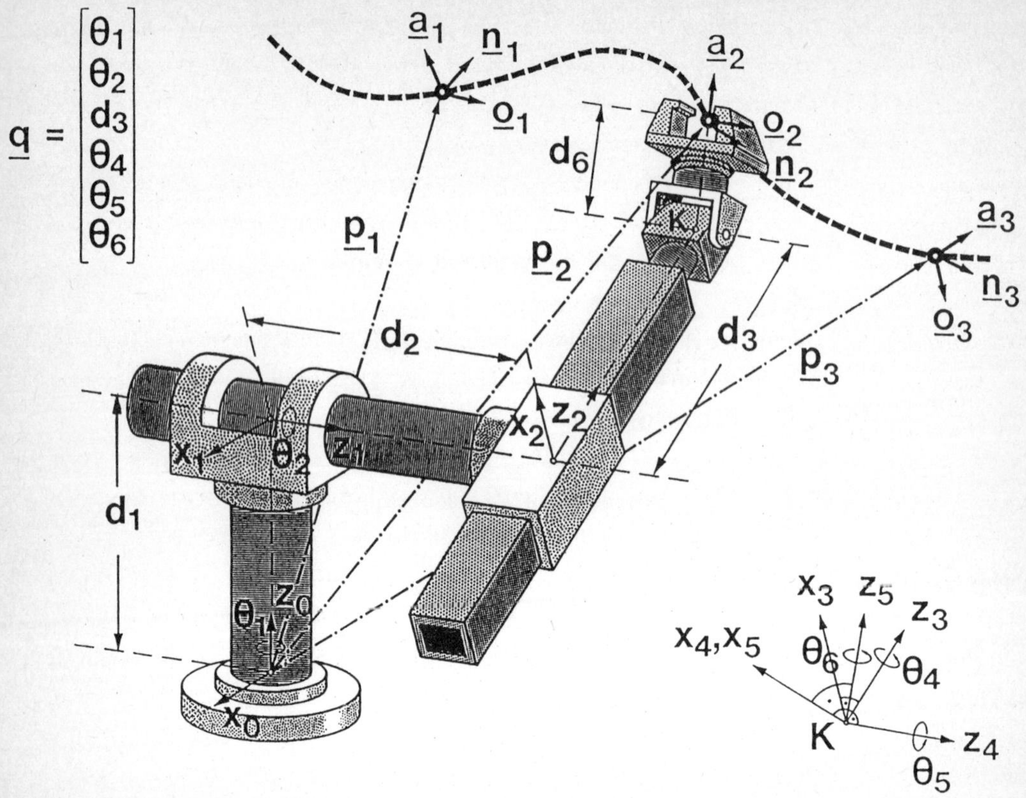

Bild 2.1: Kinematik eines sechsachsigen Industrieroboters

Will man nicht zwischen den Bewegungsarten eines Gelenkes unterscheiden, so spricht man von der *verallgemeinerten Gelenkkoordinate q*; diese entspricht bei einem Drehgelenk dem Winkel θ, bei einem Schubgelenk der Verschiebung d. Der Vektor $\underline{q} = [q_1, q_2, \ldots, q_n]^T$ faßt die Gelenkkoordinaten eines Roboters mit n Achsen zusammen.

In Bild 2.1 ist als Beispiel ein sechsachsiger Industrieroboter dargestellt, dessen kinematische Kette aus Schub- und Drehgelenken besteht. Verbindet man die von einem greiferfesten Punkt zu verschiedenen Zeiten eingenommenen Stellungen, so erhält man eine *Bahnkurve*. Hierbei ist die Position eines jeden Bahnpunktes bezüglich eines frei gewählten - dann aber fest beibehaltenen - Basiskoordinatensystems (x_0, y_0, z_0) durch den Translationsvektor $\underline{p}$ festgelegt, während seine Orientierung durch die Verdrehung eines Koordinatensystems mit Ursprung im Bahnpunkt bezüglich des Basiskoordinatensystems bestimmt wird. Dieses Koordinatensystem wird durch drei Orthonormalvektoren $\underline{n}$, $\underline{o}$ und $\underline{a}$ aufgespannt; da es beim Verfahren der Bahn mit einem greiferfesten Punkt zur Deckung gebracht werden soll, wird es *Greiferkoordinatensystem* genannt. Die im vorgehenden gemachte Annahme *kartesischer* Koordinatensysteme ist nicht die einzig mögliche; sie ist jedoch allgemein üblich und wird daher im folgenden durchgehend verwendet.

Die Verdrehung des Greiferkoordinatensystems bezüglich des Basiskoordinatensystems läßt sich durch drei Winkel ϕ, χ und ψ eindeutig angeben; diese Winkel realisieren die drei Orientierungsfreiheitsgrade. Zusammen mit den drei Komponenten des Translationsvektors $\underline{p} = [p_x, p_y, p_z]^T$ bestimmen also sechs skalare Größen - die sogenannten *Weltkoordinaten* - die Stellung des Greifers; wir fassen sie zu einem Vektor $\underline{x} = [p_x, p_y, p_z, \phi, \chi, \psi]^T$ zusammen.

Sollen die Weltkoordinaten $\underline{x}$ bei gegebenen Gelenkkoordinaten $\underline{q}$ berechnet werden, so ist die Gleichung

$$\underline{x} = \underline{f}(\underline{q}) \qquad (2.1)$$

zu lösen. Gleichung (2.1) formuliert das *direkte kinematische Problem*; der zu seiner Lösung erforderliche Rechengang heißt *Vorwärtsrechnung*. Sollen nun umgekehrt die Gelenkkoordinaten $\underline{q}$ bei gegebenen Weltkoordinaten $\underline{x}$ berechnet werden, so ist die Gleichung

$$\underline{q} = \underline{f}^{-1}(\underline{x}) \qquad (2.2)$$

zu lösen. Gleichung (2.2) formuliert das *inverse kinematische Problem*; der zu seiner Lösung erforderliche Rechengang heißt *Rückwärtsrechnung*. Die Bezeichnungen der Transformationsrichtungen als "vorwärts" und "rückwärts" beruhen letztlich auf einer willkürlichen Festlegung, die sich im Laufe der Zeit durchgesetzt hat. Sowohl Vorwärts- als auch Rückwärtsrechnung sind Koordinatentransformationen; da die Rückwärtsrechnung im allgemeinen jedoch weitaus schwieriger ist als die Vorwärtsrechnung, soll im folgenden unter dem Begriff *Koordinatentransformation* stets die Rückwärtsrechnung verstanden werden, sofern nicht ausdrücklich etwas anderes gemeint ist.

2.2 Stand der Forschung

Wie noch gezeigt werden wird, läßt sich das inverse kinematische Problem als nichtlineares Gleichungssystem formulieren, in welchem die gesuchten Größen, soweit es sich um Drehwinkel handelt, als Argumente trigonometrischer Funktionen auftreten. Pieper hat gezeigt, daß für den Sonderfall eines Roboters mit sechs Drehachsen das Gleichungssystem durch Variablenelimination auf ein algebraisches Polynom vom Grad 524288 zurückgeführt werden kann /Pieper 68/. Die Nullstellen eines so hochgradigen Polynoms bestimmen zu wollen, muß wohl als undurchführbar gelten. Daraus folgt, daß der allgemeine Fall erst recht nicht in geschlossener Form lösbar ist.

2.2.1 Universelle Verfahren

Universelle Verfahren verwenden zumeist Newton- oder Newton-ähnliche Algorithmen. Durch das Newton-Verfahren wird die angenäherte Lösung eines nichtlinearen Gleichungssystems auf die Lösung einer Folge linearer Gleichungssysteme zurückgeführt /Engeln-Müllges 85/. Hierzu entwickelt man Gleichung (2.1) in eine Taylorreihe und bricht die Entwicklung nach dem linearen Term ab. Dann gilt für hinreichend kleine Änderungen der unabhängigen Variablen die lineare Beziehung

$$\underline{\Delta x} \approx J(\underline{q})\ \underline{\Delta q} \qquad (2.3)$$

Gleichung (2.3) gilt exakt nur für die differentiellen Größen. Die (6×n)-Funktionalmatrix J (in der Literatur auch als Jacobi-Matrix bezeichnet) enthält die partiellen Ableitungen der n Gelenk- nach den sechs Weltkoordinaten:

$$J_{ij} = \partial f_j(\underline{q}) \,/\, \partial x_i \qquad 1 \leq i \leq 6,\ 1 \leq j \leq n \qquad (2.4)$$

Falls J quadratisch und nicht singulär ist (also n = 6 und det J ≠ 0), kann Gleichung (2.3) invertiert werden:

$$\underline{\Delta q} = J^{-1}(\underline{q})\ \underline{\Delta x} \qquad (2.5)$$

Dann läuft der klassische Newton-Algorithmus zur Lösung der Gleichung

$$\underline{x} = \underline{f}(\underline{q}) \tag{2.1}$$

wie folgt ab /Whitney 69/:

$$\underline{\Delta x}_k = \underline{x} - \underline{x}_k \tag{2.6}$$
$$\underline{\Delta q}_k = J^{-1}(\underline{q}_k)\ \underline{\Delta x}_k \tag{2.7}$$
$$\underline{q}_{k+1} = \underline{q}_k + \underline{\Delta q}_k \tag{2.8}$$
$$\underline{x}_{k+1} = \underline{f}(\underline{q}_{k+1}) \tag{2.9}$$

mit $k = 0, 1, 2, \ldots$ und Startwerten $\underline{x}_0$, $\underline{q}_0$ gegeben.

Der kinematisch unterbestimmte Fall ($n < 6$) soll hier nicht weiter betrachtet werden, da wir stets Roboter mit mindestens sechs Achsen voraussetzen. Im kinematisch überbestimmten Fall ($n > 6$) existiert J^{-1} nicht; im allgemeinen gibt es dann unendlich viele Lösungen für eine gegebene Greiferstellung. Um eine eindeutige Lösung zu erhalten, müssen Nebenbedingungen aufgestellt werden, z.B. in Form eines zu maximierenden Gütekriteriums. Diese Nebenbedingungen liefern zusätzliche Zeilen der Funktionalmatrix, so daß J wieder quadratisch und damit gegebenenfalls invertierbar wird. Die Inverse einer derart erweiterten Funktionalmatrix wird *verallgemeinerte Inverse* genannt. Eine häufig gebrauchte Form der verallgemeinerten Inversen ist die *Pseudoinverse*, die implizit ein Optimalitätskriterium (minimale euklidische Norm) enthält /Klein 83/. Goldenberg et al. verwenden eine andere Form der verallgemeinerten Inversen mit freier Wahl der zu optimierenden Zielfunktion /Goldenberg 85/.

Im allgemeinen wird das lineare Gleichungssystem (2.3) durch das Gaußsche Eliminationsverfahren /Engeln-Müllges 85/ nach $\underline{\Delta q}$ aufgelöst, da diese Methode wesentlich weniger Rechenschritte benötigt als die explizite Berechnung von J^{-1} /Hollerbach 83/. Lenarcic schlägt vor, J^{-1} für Anfangs- und Endpunkt eines Abschnitts zu berechnen und dazwischen zu interpolieren /Lenarcic 85/; dies reduziert zwar die Rechenzeit, vergrößert aber auch den Bahnfehler.

Das Konvergenzverhalten des Newton-Verfahrens hängt stark davon ab, wie nahe der Startwert $\underline{x}_0$ am Endwert $\underline{x}$ liegt, denn nur innerhalb eines hinreichend kleinen Bereiches um $\underline{x}$ konvergiert das Verfahren quadratisch. Bei einer genügend fein unterteilten Bahnkurve ist diese Bedingung meist dann erfüllt, wenn der soeben berechnete Bahnpunkt als Startwert für die Berechnung des nächsten, unmittelbar benachbarten Bahnpunktes dient. In der Nähe kinematischer Singularitäten kann es jedoch zur Divergenz kommen, da die Funktionaldeterminante hier gegen Null geht. Ein weiteres Problem stellen die Linearisierungsfehler dar, die durch den Abbruch der Taylorreihe entstehen; diese müssen überwacht und gegebenenfalls korrigiert werden.

Eine Reihe von Autoren hat sich mit der Verbesserung des Konvergenzverhaltens befaßt. Angeles und Rojas setzen die "Güte" des Startwerts in Bezug zur numerischen Stabilität der zugehörigen Funktionalmatrix /Angeles 84/; die Stabilität wird durch ein Konditionsmaß quantitativ erfaßt. Hansen et al. weisen darauf hin, daß bei Anwendung des Newton-Verfahrens auf stark nichtlineare Gleichungssysteme die Divergenz eher die Regel als die Ausnahme ist, solange man keine Schrittweitensteuerung einführt /Hansen 83/. Die von ihnen wie auch von anderen /Whitney 69/ vorgeschlagenen Schrittweitensteuerungen modifizieren die Gleichung (2.6) derart, daß der Greifer sich bei jedem Iterationsschritt in einem definierten Sinn näher zum Ziel bewegt.

Ein hoher Rechenaufwand ist allen universellen Verfahren gemeinsam. Dies liegt vor allem daran, daß in jedem Iterationsschritt sowohl die Berechnung und die (explizite oder implizite) Inversion der Funktionalmatrix (2.7) als auch die Vorwärtsrechnung (2.9) durchgeführt werden müssen; hinzu kommt meistens noch eine Schrittweitenberechnung. Es existieren mehrere Verfahren zur Berechnung der Funktionalmatrix. Orin und Schrader geben einen detaillierten Effizienzvergleich solcher Verfahren /Orin 84/. Wang und Ravani berechnen J mit einem rekursiven Verfahren /Wang 85/. Lenarcic stellt ein schnelles Verfahren für Roboter mit paralleler und senkrechter Achsanordnung vor /Lenarcic 83/.

Die Abbildungsfunktion $\underline{f}$ aus Gleichung (2.1) wird meist in Form homogener Transformationsmatrizen dargestellt; dieser Formalismus, dessen sich auch die vorliegende Arbeit bedient, wurde von Denavit und Hartenberg für das allgemeine Verschiebungsproblem der Mechanik eingeführt /Denavit 55/ und wird im folgenden näher erläutert. Daneben gibt es Formulierungen, welche auf Vektoren /Wampler 86/, Quaternionen /Taylor 79/, duale Matrizen /McCarthy 86/ oder Methoden der Schraubentheorie /Konstantinov 80/ zurückgreifen.

Zusammenfassend läßt sich sagen, daß die universellen Verfahren den Vorteil bieten, auf alle Roboter - insbesondere auf die kinematisch überbestimmten - anwendbar zu sein. Nachteilig sind der hohe Rechenaufwand und die schlechten Konvergenzeigenschaften bei größerer Entfernung zwischen Anfangs- und Endstellung. Außerdem bietet der Lösungsweg keinen Einblick in die Geometrie des zu Grunde liegenden Roboters; mögliche alternative Roboterstellungen werden unter Umständen nicht gefunden.

2.2.2 Analytische Verfahren

Im Gegensatz zu den universellen Verfahren sind die analytischen Verfahren nur auf bestimmte Roboterklassen oder gar nur auf eine einzige Roboterkinematik anwendbar. Die analytischen Verfahren machen sich den Umstand zu Nutze, daß viele Industrieroboter sich von allgemeinen kinematischen Ketten durch zusätzliche Eigenschaften unterscheiden. Durch Ausnutzung solcher Eigenschaften kann das inverse kinematische Problem vereinfacht formuliert und analytisch gelöst werden; dies geht einher mit einer signifikanten Verminderung des Rechenaufwands. Der dafür zu zahlende Preis ist die Beschränkung der Allgemeinheit des Lösungsansatzes.

Die ersten analytischen Verfahren stammen aus den grundlegenden Arbeiten von Pieper /Pieper 68/ und Paul /Paul 72/. Pieper gibt Lösungen für alle sechsachsigen Roboter mit drei Schubachsen oder mit drei sich in einem Punkte schneidenden Drehachsen. In seinem Buch /Paul 81/ zeigt Paul, wie mittels "geometrischer Intuition" analytische Lösungen für viele marktgängige Roboter gefunden werden können; darüber hinaus bringt er eine gewisse Systematik in das intuitive Vorgehen durch die Suche nach lösbaren Gleichungstypen.

Ein weiteres analytisches Lösungsverfahren liefern Hiller und Woernle mit der "Methode des charakteristischen Gelenkpaares" /Hiller 86/. Hierbei wird die kinematische Kette in zwei Teilketten aufgetrennt, die durch ein Gelenkpaar verbunden sind. Weist nun dieses Gelenkpaar eine spezielle Geometrie mit möglichst vielen Freiheitsgraden auf (z.B. Kugelgelenk), so ist der Rest der Kette in geschlossener Form lösbar. Fehlt allerdings eine solche Geometrie, so muß auch hier ein numerischer Algorithmus verwendet werden.

Heiß entwickelt in /Heiß 85/ eine Theorie zur Lösbarkeit des inversen kinematischen Problems und stellt damit die Suche nach Lösungen in geschlossener Form erstmalig auf eine systematische Grundlage. Als *geschlossen quadratisch lösbar* werden all jene Roboterkonfigurationen bezeichnet, deren Gelenkvariable sämtlich aus Polynomen zweiten oder geringeren Grades bestimmt werden können. Zwar sind auch Polynome vierten Grades noch geschlossen lösbar - und in der Tat gibt Pieper solche Polynome als Lösungen an /Pieper 68/ -, doch ist der Aufwand zur Berechnung der Lösungsformel so hoch, daß in der Praxis meist numerische Verfahren zum Zuge kommen.

Zum Auffinden quadratisch lösbarer Roboterklassen führt Heiß die Verfahren der Positionswert- und Abstandsbetrachtung ein; diese Verfahren dienen zur Entkopplung der im allgemeinen stark gekoppelten kinematischen Gleichungen. Die *Positionswertbetrachtung* versucht, eine Gelenkvariable zu finden, ohne die die restlichen Gelenkvariablen nur eine ebene Greiferbewegung erzeugen können. Eine solche Gelenkvariable kann nun durch geeignete Wahl eines Bezugssystems in einer quadratischen Gleichung isoliert und gelöst werden.

Analog kann im Rahmen der *Abstandsbetrachtung* eine Gelenkvariable ermittelt werden, wenn sie als einzige Variable in dem Term $p^2 = p_x^2 + p_y^2 + p_z^2$ auftritt. Gelingt es mit Hilfe dieser beiden Verfahren nicht, eine Gelenkvariable zu berechnen, dann ist der betrachtete Roboter wahrscheinlich nicht quadratisch lösbar; diese Vermutung wird von Heiß durch Plausibilitätsüberlegungen erhärtet. Die quadratisch lösbaren Roboter werden sodann in Klassen eingeteilt und die Lösungsformeln für jede Klasse angegeben.

Bei der Entwicklung der Lösbarkeitstheorie werden in /Heiß 85/ auch die Ausnahmesituationen *Unerreichbarkeit*, *Reduktionsstellung*, *globale* und *lokale Degeneration* behandelt; es wird gezeigt, daß eine (in der Literatur nicht immer getroffene) Unterscheidung dieser Situationen wichtig ist.

2.2.3 Hybride Verfahren

Als *hybride Verfahren* sollen all jene Algorithmen bezeichnet werden, die iterativ arbeiten und in jedem Iterationsschritt analytische Teillösungen des inversen kinematischen Problems berechnen. Die hybriden Verfahren teilen die kinematische Kette in eine *Hauptstruktur* (major linkage) und eine *Nebenstruktur* (minor linkage). Bei dieser Einteilung wird vorausgesetzt, daß die Hauptachsen im wesentlichen für die Positionierung des Greifers zuständig sind, während die Nebenachsen im wesentlichen die Orientierung des Greifers beeinflussen; darum wird die Nebenstruktur oft auch als "Hand" bezeichnet. Es werden nun abwechselnd die Gelenkvariablen der Hauptstruktur und die der Nebenstruktur berechnet, bis die sich aus den Gelenkvariablen ergebende Greiferstellung nahe genug an der Zielstellung liegt. Der Fehler, der dadurch entsteht, daß die Gelenkvariablen nicht alle gleichzeitig berechnet werden, ist umso kleiner, je besser die gemachte Voraussetzung zutrifft.

Milenkovic und Huang haben als erste ein solches Verfahren beschrieben /Milenkovic 83/. Sie betrachten Roboter mit paralleler und senkrechter Achsanordnung und leiten 12 kinematisch signifikante Konfigurationen der Hauptstruktur her. Für jede dieser Konfigurationen werden Formeln für die Vorwärts- und Rückwärtsrechnung angegeben; diese Formeln sind allerdings dadurch stark vereinfacht, daß viele Achsabstände und Achslängen zu Null angenommen werden, was in der Praxis oft nicht zutrifft.

Lumelsky demonstriert ein hybrides Verfahren an Hand eines nicht geschlossen lösbaren sechsachsigen Roboters /Lumelsky 84/. Das Konvergenzverhalten wird experimentell ermittelt. Es ergeben sich typischerweise 4-5 Iterationsschritte, wenn als Abbruchbedingung ein mittlerer Fehler von 0,1° der Handachsen vorgegeben wird.

Die Berechnung der Hauptstruktur bei festgehaltener Nebenstruktur entspricht kinematisch gerade dem Fall eines sechsachsigen Roboters, dessen letzte drei Achsen sich in einem Punkte schneiden. Dieser Fall ist schon in /Pieper 68/ untersucht worden; die dort angegebenen Polynome vierten Grades können direkt als Lösungsformeln für die Hauptstruktur eines hybriden Verfahrens übernommen werden, da sie nur von Positionsinformation Gebrauch machen. Eine weitere Herleitung, auch für die Nebenstruktur, findet sich in /Takano 85/.

2.3 Mathematisches Modell der Roboterkinematik

2.3.1 Denavit-Hartenberg-Verfahren

Eine Abfolge starrer Glieder, die durch Gelenke beweglich verbunden sind, nennt man *kinematische Kette*. Die Struktur eines Industrieroboters ist die einer kinematischen Kette, deren Glieder durch Gelenke mit je einem Freiheitsgrad (der Translation oder Rotation) verbunden sind. Ein Gelenk mit mehreren Freiheitsgraden kann durch eine Kombination von Gelenken mit je einem Freiheitsgrad ersetzt werden.

Wir unterscheiden zwischen *offenen* und *geschlossenen* kinematischen Ketten. In einer geschlossenen kinematischen Kette ist jedes Glied mit mindestens zwei Nachbargliedern verbunden. In einer offenen kinematischen Kette ist jedes Glied mit genau zwei Nachbargliedern verbunden, mit Ausnahme des ersten und des letzten Gliedes; diese haben jeweils nur einen Nachbarn. Im folgenden werden nur offene kinematische Ketten betrachtet; geschlossene kinematische Ketten können stets unter Hinzunahme von Nebenbedingungen auf offene kinematische Ketten zurückgeführt werden.

Um nun die relative Stellung zweier Glieder zueinander zu kennzeichnen, wird jedem Gelenk ein festes kartesisches *Gelenkkoordinatensystem* zugeordnet. Dazu numerieren wir die Gelenke entsprechend ihrer mechanischen Reihenfolge von 1 bis 6. Ein Gelenk G_i liegt in der mechanischen Reihenfolge vor einem Gelenk G_j, wenn dessen Gelenkachse z_j durch eine Bewegung des Gelenkes G_i bewegt wird. Das erste Gelenk G_1 verbindet Glied 1 mit Glied 0, der unbeweglichen Roboterbasis; das Gelenk G_i verbindet die Glieder i und i-1. Nach der Festlegung des Gelenkreihenfolge wird nun jedem Gelenk ein Koordinatensystem zugeordnet. Die Zuordnung beruht auf einem von Denavit und Hartenberg entwickelten Verfahren /Denavit 55/, dessen Regeln nachstehend angegeben und in Bild 2.2 illustriert sind.

Festlegung des Gelenkkoordinatensystems K_i mit den Achsen x_i, y_i und z_i:

1) Die z_i-Achse liegt in der Dreh- oder Schubachse des Gelenkes G_{i+1}.
2) Die x_i-Achse zeigt in Richtung der Normalen von der z_{i-1}- zur z_i-Achse.
3) Die y_i-Achse ergänzt das Koordinatensystem im rechtsdrehenden Sinn.

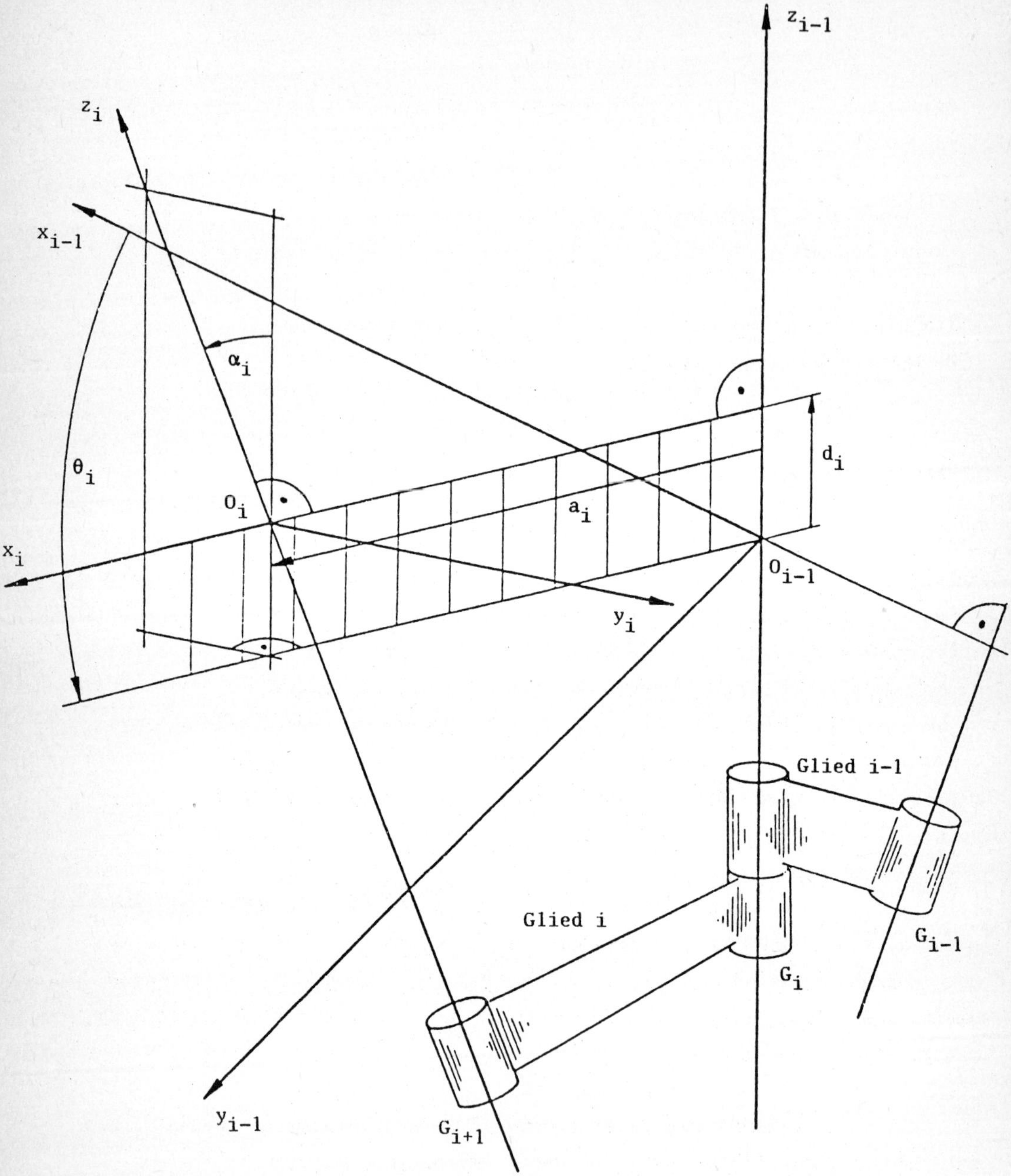

<u>Bild 2.2:</u> Darstellung des Denavit-Hartenberg-Verfahrens

Zwei nach den Denavit-Hartenberg-Regeln festgelegte Koordinatensysteme K_{i-1} und K_i können durch zwei Translationen und zwei Rotationen ineinander überführt werden:

- Rotation θ_i um die z_{i-1}-Achse, um die x_{i-1}-Achse parallel zur x_i-Achse zu machen (kurz: $Rot(z_{i-1},\theta_i)$)

- Translation d_i entlang z_{i-1} bis zum Schnittpunkt der Achsen z_{i-1} und x_i (kurz: $Trans(z_{i-1},d_i)$)

- Translation a_i entlang x_i, um die Koordinatenursprünge O_{i-1} und O_i zur Deckung zu bringen (kurz: $Trans(x_i,a_i)$)

- Rotation α_i um die x_i-Achse, um die Achsen z_{i-1} und z_i zur Deckung zu bringen (kurz: $Rot(x_i,\alpha_i)$)

Diese vier sogenannten *Denavit-Hartenberg-Parameter* - der *Drehwinkel* θ, die *Achslänge* d, der *Achsabstand* a und der *Kreuzungswinkel* α - legen die relative Stellung zweier Koordinatensysteme zueinander eindeutig fest. Insgesamt liefert das Denavit-Hartenberg-Verfahren bei einem sechsachsigen Roboter sechs Gelenkkoordinatensysteme K_0 bis K_5; das Greiferkoordinatensystem wollen wir mit K_6 bezeichnen, wobei zu beachten ist, daß die Stellung des Greiferkoordinatensystems bezüglich des Basiskoordinatensystems nicht durch das Denavit-Hartenberg-Verfahren, sondern durch den Anwender festgelegt wird.

Bei der Festlegung der Gelenkkoordinatensysteme gilt es, einige Sonderfälle zu beachten. Sind die Achsen z_i und z_{i-1} parallel, so ist die Lage der gemeinsamen Normalen - und damit des Koordinatenursprungs O_i - nicht definiert. In diesem Fall ist der Parameter d_i frei wählbar; es empfiehlt sich, ihn zu Null zu setzen.

Im Falle sich schneidender Gelenkachsen wird der Koordinatenursprung O_i in den Schnittpunkt der Achsen z_i und z_{i-1} gelegt. Da der Normalenabstand in diesem Fall Null ist - wie übrigens auch bei ineinander fallenden Gelenkachsen -, ist der Richtungssinn der x_i-Achse undefiniert; es empfiehlt sich, die x_i-Achse so anzuordnen, daß die Parameter d_i oder θ_i Null werden.

Jede Drehachse besitzt eine eindeutige Anordnung im Raum, hingegen kann eine Schubachse beliebig parallel verschoben werden, ohne daß sich das kinematische Verhalten des Greifers ändert (Beweis in /Heiß 85/). Diese Tatsache wird in der Literatur häufig ausgenutzt, indem die z-Achse bei Schubgelenken stets so gelegt wird, daß der Achsabstand a zum folgenden Gelenk Null wird. In der vorliegenden Arbeit sind bei Schubgelenken jedoch auch Achsabstände ungleich Null zulässig, um das kinematische Modell besser mit der geometrischen Struktur in Übereinstimmung zu bringen. Die Parallelverschiebbarkeit von Schubachsen ist eine rein *kinematische* Eigenschaft, *geometrisch* besitzen auch Schubachsen eine eindeutige räumliche Anordnung.

Das Denavit-Hartenberg-Verfahren bringt zwar die z-Achse eines Gelenkkoordinatensystems mit der Gelenkachse zur Deckung, der Ursprung des Gelenkkoordinatensystems kann jedoch, wie beispielsweise in Bild 2.2 gezeigt, weit außerhalb des mechanischen Gelenkpunktes liegen, weil die Normalen zwischen den Gelenkachsen nicht notwendigerweise in den Robotergliedern verlaufen. Es ist daher möglich, daß K_6 sich nicht mittels des Denavit-Hartenberg-Verfahrens aus K_5 herleiten läßt, denn K_6 ist frei wählbar. In diesem Fall muß ein zusätzliches Koordinatensystem mit konstanten Denavit-Hartenberg-Parametern zwischen K_5 und K_6 eingefügt werden. Es ist daher sinnvoll, K_6 so zu legen, daß es sich nach den Regeln des Denavit-Hartenberg-Verfahrens aus K_5 herleiten läßt. Wir setzen deshalb im folgenden eine derartige Festlegung voraus.

Das Denavit-Hartenberg-Verfahren ist nicht die einzige Methode, um die Struktur einer kinematischen Kette zu erfassen. Die aus diesem Verfahren herrührenden Abweichungen zwischen kinematischer und geometrischer Struktur können vermieden werden, wenn dem mathematischen Modell die physischen Abmessungen der Roboterglieder zu Grunde gelegt werden. Gal hat eine zum Denavit-Hartenberg-Verfahren äquivalente Methode entwickelt, die derartige physische Parameter verwendet /Gal 85/; die Äquivalenzbeziehungen zwischen den beiden Methoden sind im allgemeinen nicht trivial.

Die meisten der am Markt erhältlichen Roboter stimmen allerdings in kinematischer und geometrischer Struktur überein, so daß das Denavit-Hartenberg-Verfahren auch für solche Anwendungen brauchbar ist, in denen nicht nur die Greiferbewegung, sondern auch die Bewegung der einzelnen Gelenke von Interesse ist (Kollisionserkennung und -vermeidung).

2.3.2 Homogene Koordinaten

Die drei translatorischen Freiheitsgrade werden durch einen Translationsvektor $\underline{p} = [p_x, p_y, p_z]^T$ dargestellt. Die drei rotatorischen Freiheitsgrade können auf verschiedene Art und Weise festgelegt werden. Am bekanntesten sind die Darstellungsformen *Eulerwinkel* sowie *Roll-, Nick- und Gierwinkel* /Paul 81/. Die Roll-, Nick- und Gierwinkel ϕ, χ und ψ entsprechen drei hintereinander ausgeführten Drehungen um die z-, y- und x-Achse eines kartesischen Koordinatensystems:

$$Rot(z,\phi) = \begin{bmatrix} c\phi & -s\phi & 0 \\ s\phi & c\phi & 0 \\ 0 & 0 & 1 \end{bmatrix} \qquad Rot(y,\chi) = \begin{bmatrix} c\chi & 0 & s\chi \\ 0 & 1 & 0 \\ -s\chi & 0 & c\chi \end{bmatrix} \qquad Rot(x,\psi) = \begin{bmatrix} 1 & 0 & 0 \\ 0 & c\psi & -s\psi \\ 0 & s\psi & c\psi \end{bmatrix}$$

mit der abkürzenden Schreibweise s $\hat{=}$ sin, c $\hat{=}$ cos, $Rot(z,\phi)$ $\hat{=}$ Drehung um den Winkel ϕ um die z-Achse (nicht zu verwechseln mit dem gleichnamigen Operator aus der Vektoranalysis). Durch Multiplikation dieser Matrizen kann jede beliebige Orientierung, ausgedrückt durch die Rotationsmatrix R, erreicht werden:

$$R = Rot(z,\phi)\; Rot(y,\chi)\; Rot(x,\psi) = \begin{bmatrix} n_x & o_x & a_x \\ n_y & o_y & a_y \\ n_z & o_z & a_z \end{bmatrix}$$

Die Transformation eines Punktes mit den Koordinaten $[x_2, y_2, z_2]^T$ durch eine Rotation und eine Translation wird in dreidimensionalen Koordinaten so dargestellt:

$$\begin{bmatrix} x_1 \\ y_1 \\ z_1 \end{bmatrix} = \begin{bmatrix} n_x & o_x & a_x \\ n_y & o_y & a_y \\ n_z & o_z & a_z \end{bmatrix} \begin{bmatrix} x_2 \\ y_2 \\ z_2 \end{bmatrix} + \begin{bmatrix} p_x \\ p_y \\ p_z \end{bmatrix}$$

Homogene Koordinaten liegen vor, wenn das Tripel $[x, y, z]^T$ eines Raumpunktes mit Hilfe eines Skalierungsfaktors t zum Quadrupel $[x', y', z', t]^T$ umgeformt wird, wobei gilt /Paul 81/:

$$x = x'/t \qquad y = y'/t \qquad z = z'/t$$

In der Roboterkinematik wird t zu 1 gesetzt, weil die Darstellung in homogenen Koordinaten lediglich aus schreibtechnischen Gründen gewählt wird und die Möglichkeit einer Skalierung somit nicht von Interesse ist.

Die 3×3-Rotationsmatrix R und der 3×1-Translationsvektor $\underline{p}$ können in homogenen Koordinaten zu einer 4×4-Transformationsmatrix zusammengefaßt werden:

$$\begin{bmatrix} x_1 \\ y_1 \\ z_1 \\ 1 \end{bmatrix} = \begin{bmatrix} n_x & o_x & a_x & p_x \\ n_y & o_y & a_y & p_y \\ n_z & o_z & a_z & p_z \\ 0 & 0 & 0 & 1 \end{bmatrix} \begin{bmatrix} x_2 \\ y_2 \\ z_2 \\ 1 \end{bmatrix}$$

Die vierdimensionale Darstellung in homogenen Koordinaten wird eingeführt, um Rotation und Translation in einer Matrix zusammenfassen zu können. Diese Darstellung ist zwar redundant, bietet jedoch rechentechnische Vorteile.

Die jeweils zwei Translationen und Rotationen des Denavit-Hartenberg-Verfahrens, welche das Gelenkkoordinatensystem K_{i-1} in das Gelenkkoordinatensystem K_i überführen, können wie folgt zu einer homogenen 4×4-Transformationsmatrix zusammengefaßt werden:

$$^{i-1}A_i = \mathrm{Rot}(z_{i-1},\theta_i)\ \mathrm{Trans}(z_{i-1},d_i)\ \mathrm{Trans}(x_i,a_i)\ \mathrm{Rot}(x_i,\alpha_i)$$

$$= \begin{bmatrix} c\theta_i & -s\theta_i & 0 & 0 \\ s\theta_i & c\theta_i & 0 & 0 \\ 0 & 0 & 1 & 0 \\ 0 & 0 & 0 & 1 \end{bmatrix} \begin{bmatrix} 1 & 0 & 0 & 0 \\ 0 & 1 & 0 & 0 \\ 0 & 0 & 1 & d_i \\ 0 & 0 & 0 & 1 \end{bmatrix} \begin{bmatrix} 1 & 0 & 0 & a_i \\ 0 & 1 & 0 & 0 \\ 0 & 0 & 1 & 0 \\ 0 & 0 & 0 & 1 \end{bmatrix} \begin{bmatrix} 1 & 0 & 0 & 0 \\ 0 & c\alpha_i & -s\alpha_i & 0 \\ 0 & s\alpha_i & c\alpha_i & 0 \\ 0 & 0 & 0 & 1 \end{bmatrix}$$

$$= \left[\begin{array}{ccc|c} c\theta_i & -s\theta_i c\alpha_i & s\theta_i s\alpha_i & c\theta_i a_i \\ s\theta_i & c\theta_i c\alpha_i & -c\theta_i s\alpha_i & s\theta_i a_i \\ 0 & s\alpha_i & c\alpha_i & d_i \\ \hline 0 & 0 & 0 & 1 \end{array}\right] \qquad (2.10)$$

$$= \left[\begin{array}{ccc|c} ^{i-1}\underline{n}_i & ^{i-1}\underline{o}_i & ^{i-1}\underline{a}_i & ^{i-1}\underline{p}_i \\ \hline 0 & 0 & 0 & 1 \end{array}\right]$$

Wie ersichtlich, treten die translatorischen Gelenkparameter d und a nur im translatorischen Teil der Transformationsmatrix auf (4. Spalte), während in der oberen linken 3×3-Rotationsmatrix nur die rotatorischen Gelenkparameter θ und α vorkommen. Durch Multiplikation aller Transformationsmatrizen eines sechsachsigen Roboters gelangt man von der Basis bis zum Greifer:

$$^0A_1 \, ^1A_2 \, ^2A_3 \, ^3A_4 \, ^4A_5 \, ^5A_6 = {}^0T \tag{2.11}$$

Die hochgestellten Indices besagen, bezüglich welcher Gelenkkoordinatensysteme die x-, y- und z-Komponenten der Spaltenvektoren definiert sind. Durch diese Indices wird nur explizit gemacht, was in der mathematischen Schreibweise ohnehin implizit enthalten ist (in der Reihenfolge der Transformationsmatrizen nämlich). Wegen dieser Redundanz werden die hochgestellten Indices überall dort weggelassen, wo die Definitionsbezüge aus dem Zusammenhang ersichtlich sind. Wir schreiben daher

$$A_1 \, A_2 \, A_3 \, A_4 \, A_5 \, A_6 = T$$

Die Greifermatrix T gibt die Stellung des Greifers in Weltkoordinaten an:

$$T = \begin{bmatrix} n_x & o_x & a_x & p_x \\ n_y & o_y & a_y & p_y \\ n_z & o_z & a_z & p_z \\ 0 & 0 & 0 & 1 \end{bmatrix} = \begin{bmatrix} \underline{n} & \underline{o} & \underline{a} & \underline{p} \\ 0 & 0 & 0 & 1 \end{bmatrix} \tag{2.12}$$

Beim direkten kinematischen Problem ist der Vektor $\underline{q}$ der Gelenkkoordinaten gegeben; daraus lassen sich die Transformationsmatrizen $A_i(q_i)$ berechnen und somit durch Matrizenmultiplikation auch die Greifermatrix T. Beim inversen kinematischen Problem ist die Greifermatrix T gegeben; hieraus müssen nun die q_i ermittelt werden. Gleichung (2.11) liefert zwar zwölf nichttriviale Gleichungen, davon sind aber nur sechs unabhängig, da es nur sechs unabhängige Freiheitsgrade gibt. Die drei translatorischen Freiheitsgrade sind nur im Vektor $\underline{p}$ enthalten; somit liefert die 4. Spalte von T drei Bestimmungsgleichungen. Die restlichen drei Gleichungen müssen aus der Rotationsuntermatrix von T gewonnen werden. Es ergibt sich ein nichtlineares Gleichungssystem mit sechs Unbekannten, das nicht in geschlossener Form lösbar ist. Als Beispiel sei eine der sechs Gleichungen angegeben:

$$
\begin{array}{l}
c\theta_1(a_1 + c\theta_2(a_2 + c\theta_3(a_3 + c\theta_4(a_4 + c\theta_5 a_5 + s\theta_5 s\alpha_5 d_6 + a_6(c\theta_5 c\theta_6 - s\theta_5 c\alpha_5 s\theta_6 \\
)) + s\theta_4(-c\alpha_4(-c\theta_5 s\alpha_5 d_6 + s\theta_5 a_5 + a_6(c\theta_5 c\alpha_5 s\theta_6 + s\theta_5 c\theta_6)) + s\alpha_4(d_5 + c\alpha_5 d_6 + \\
s\alpha_5 s\theta_6 a_6))) + s\theta_3(-c\alpha_3(c\theta_4(c\alpha_4(-c\theta_5 s\alpha_5 d_6 + s\theta_5 a_5 + a_6(c\theta_5 c\alpha_5 s\theta_6 + s\theta_5 c\theta_6)) - \\
s\alpha_4(d_5 + c\alpha_5 d_6 + s\alpha_5 s\theta_6 a_6)) + s\theta_4(a_4 + c\theta_5 a_5 + s\theta_5 s\alpha_5 d_6 + a_6(c\theta_5 c\theta_6 - s\theta_5 c\alpha_5 \\
s\theta_6))) + s\alpha_3(d_4 + c\alpha_4(d_5 + c\alpha_5 d_6 + s\alpha_5 s\theta_6 a_6) + s\alpha_4(-c\theta_5 s\alpha_5 d_6 + s\theta_5 a_5 + a_6(\\
c\theta_5 c\alpha_5 s\theta_6 + s\theta_5 c\theta_6))))) + s\theta_2(-c\alpha_2(c\theta_3(c\alpha_3(c\theta_4(c\alpha_4(-c\theta_5 s\alpha_5 d_6 + s\theta_5 a_5 + a_6(\\
c\theta_5 c\alpha_5 s\theta_6 + s\theta_5 c\theta_6)) - s\alpha_4(d_5 + c\alpha_5 d_6 + s\alpha_5 s\theta_6 a_6)) + s\theta_4(a_4 + c\theta_5 a_5 + s\theta_5 s\alpha_5 \\
d_6 + a_6(c\theta_5 c\theta_6 - s\theta_5 c\alpha_5 s\theta_6))) - s\alpha_3(d_4 + c\alpha_4(d_5 + c\alpha_5 d_6 + s\alpha_5 s\theta_6 a_6) + s\alpha_4(- \\
c\theta_5 s\alpha_5 d_6 + s\theta_5 a_5 + a_6(c\theta_5 c\alpha_5 s\theta_6 + s\theta_5 c\theta_6)))) + s\theta_3(a_3 + c\theta_4(a_4 + c\theta_5 a_5 + s\theta_5 \\
s\alpha_5 d_6 + a_6(c\theta_5 c\theta_6 - s\theta_5 c\alpha_5 s\theta_6)) + s\theta_4(-c\alpha_4(-c\theta_5 s\alpha_5 d_6 + s\theta_5 a_5 + a_6(c\theta_5 c\alpha_5 s\theta_6 \\
+ s\theta_5 c\theta_6)) + s\alpha_4(d_5 + c\alpha_5 d_6 + s\alpha_5 s\theta_6 a_6)))) + s\alpha_2(d_3 + c\alpha_3(d_4 + c\alpha_4(d_5 + c\alpha_5 \\
d_6 + s\alpha_5 s\theta_6 a_6) + s\alpha_4(-c\theta_5 s\alpha_5 d_6 + s\theta_5 a_5 + a_6(c\theta_5 c\alpha_5 s\theta_6 + s\theta_5 c\theta_6))) + s\alpha_3(c\theta_4(\\
c\alpha_4(-c\theta_5 s\alpha_5 d_6 + s\theta_5 a_5 + a_6(c\theta_5 c\alpha_5 s\theta_6 + s\theta_5 c\theta_6)) - s\alpha_4(d_5 + c\alpha_5 d_6 + s\alpha_5 s\theta_6 a_6 \\
)) + s\theta_4(a_4 + c\theta_5 a_5 + s\theta_5 s\alpha_5 d_6 + a_6(c\theta_5 c\theta_6 - s\theta_5 c\alpha_5 s\theta_6)))))) + s\theta_1(-c\alpha_1(c\theta_2(\\
c\alpha_2(c\theta_3(c\alpha_3(c\theta_4(c\alpha_4(-c\theta_5 s\alpha_5 d_6 + s\theta_5 a_5 + a_6(c\theta_5 c\alpha_5 s\theta_6 + s\theta_5 c\theta_6)) - s\alpha_4(d_5 + \\
c\alpha_5 d_6 + s\alpha_5 s\theta_6 a_6)) + s\theta_4(a_4 + c\theta_5 a_5 + s\theta_5 s\alpha_5 d_6 + a_6(c\theta_5 c\theta_6 - s\theta_5 c\alpha_5 s\theta_6))) - \\
s\alpha_3(d_4 + c\alpha_4(d_5 + c\alpha_5 d_6 + s\alpha_5 s\theta_6 a_6) + s\alpha_4(-c\theta_5 s\alpha_5 d_6 + s\theta_5 a_5 + a_6(c\theta_5 c\alpha_5 s\theta_6 + \\
s\theta_5 c\theta_6)))) + s\theta_3(a_3 + c\theta_4(a_4 + c\theta_5 a_5 + s\theta_5 s\alpha_5 d_6 + a_6(c\theta_5 c\theta_6 - s\theta_5 c\alpha_5 s\theta_6)) + \\
s\theta_4(-c\alpha_4(-c\theta_5 s\alpha_5 d_6 + s\theta_5 a_5 + a_6(c\theta_5 c\alpha_5 s\theta_6 + s\theta_5 c\theta_6)) + s\alpha_4(d_5 + c\alpha_5 d_6 + s\alpha_5 \\
s\theta_6 a_6)))) - s\alpha_2(d_3 + c\alpha_3(d_4 + c\alpha_4(d_5 + c\alpha_5 d_6 + s\alpha_5 s\theta_6 a_6) + s\alpha_4(-c\theta_5 s\alpha_5 d_6 + \\
s\theta_5 a_5 + a_6(c\theta_5 c\alpha_5 s\theta_6 + s\theta_5 c\theta_6))) + s\alpha_3(c\theta_4(c\alpha_4(-c\theta_5 s\alpha_5 d_6 + s\theta_5 a_5 + a_6(c\theta_5 c\alpha_5 \\
s\theta_6 + s\theta_5 c\theta_6)) - s\alpha_4(d_5 + c\alpha_5 d_6 + s\alpha_5 s\theta_6 a_6)) + s\theta_4(a_4 + c\theta_5 a_5 + s\theta_5 s\alpha_5 d_6 + \\
a_6(c\theta_5 c\theta_6 - s\theta_5 c\alpha_5 s\theta_6))))) + s\theta_2(a_2 + c\theta_3(a_3 + c\theta_4(a_4 + c\theta_5 a_5 + s\theta_5 s\alpha_5 d_6 + \\
a_6(c\theta_5 c\theta_6 - s\theta_5 c\alpha_5 s\theta_6)) + s\theta_4(-c\alpha_4(-c\theta_5 s\alpha_5 d_6 + s\theta_5 a_5 + a_6(c\theta_5 c\alpha_5 s\theta_6 + s\theta_5 c\theta_6 \\
)) + s\alpha_4(d_5 + c\alpha_5 d_6 + s\alpha_5 s\theta_6 a_6))) + s\theta_3(-c\alpha_3(c\theta_4(c\alpha_4(-c\theta_5 s\alpha_5 d_6 + s\theta_5 a_5 + a_6 \\
(c\theta_5 c\alpha_5 s\theta_6 + s\theta_5 c\theta_6)) - s\alpha_4(d_5 + c\alpha_5 d_6 + s\alpha_5 s\theta_6 a_6)) + s\theta_4(a_4 + c\theta_5 a_5 + s\theta_5 \\
s\alpha_5 d_6 + a_6(c\theta_5 c\theta_6 - s\theta_5 c\alpha_5 s\theta_6))) + s\alpha_3(d_4 + c\alpha_4(d_5 + c\alpha_5 d_6 + s\alpha_5 s\theta_6 a_6) + s\alpha_4 \\
(-c\theta_5 s\alpha_5 d_6 + s\theta_5 a_5 + a_6(c\theta_5 c\alpha_5 s\theta_6 + s\theta_5 c\theta_6)))))) + s\alpha_1(d_2 + c\alpha_2(d_3 + c\alpha_3(d_4 \\
+ c\alpha_4(d_5 + c\alpha_5 d_6 + s\alpha_5 s\theta_6 a_6) + s\alpha_4(-c\theta_5 s\alpha_5 d_6 + s\theta_5 a_5 + a_6(c\theta_5 c\alpha_5 s\theta_6 + s\theta_5 c\theta_6 \\
))) + s\alpha_3(c\theta_4(c\alpha_4(-c\theta_5 s\alpha_5 d_6 + s\theta_5 a_5 + a_6(c\theta_5 c\alpha_5 s\theta_6 + s\theta_5 c\theta_6)) - s\alpha_4(d_5 + c\alpha_5 \\
d_6 + s\alpha_5 s\theta_6 a_6)) + s\theta_4(a_4 + c\theta_5 a_5 + s\theta_5 s\alpha_5 d_6 + a_6(c\theta_5 c\theta_6 - s\theta_5 c\alpha_5 s\theta_6)))) + \\
s\alpha_2(c\theta_3(c\alpha_3(c\theta_4(c\alpha_4(-c\theta_5 s\alpha_5 d_6 + s\theta_5 a_5 + a_6(c\theta_5 c\alpha_5 s\theta_6 + s\theta_5 c\theta_6)) - s\alpha_4(d_5 + \\
c\alpha_5 d_6 + s\alpha_5 s\theta_6 a_6)) + s\theta_4(a_4 + c\theta_5 a_5 + s\theta_5 s\alpha_5 d_6 + a_6(c\theta_5 c\theta_6 - s\theta_5 c\alpha_5 s\theta_6))) - \\
s\alpha_3(d_4 + c\alpha_4(d_5 + c\alpha_5 d_6 + s\alpha_5 s\theta_6 a_6) + s\alpha_4(-c\theta_5 s\alpha_5 d_6 + s\theta_5 a_5 + a_6(c\theta_5 c\alpha_5 s\theta_6 + \\
s\theta_5 c\theta_6)))) + s\theta_3(a_3 + c\theta_4(a_4 + c\theta_5 a_5 + s\theta_5 s\alpha_5 d_6 + a_6(c\theta_5 c\theta_6 - s\theta_5 c\alpha_5 s\theta_6)) + \\
s\theta_4(-c\alpha_4(-c\theta_5 s\alpha_5 d_6 + s\theta_5 a_5 + a_6(c\theta_5 c\alpha_5 s\theta_6 + s\theta_5 c\theta_6)) + s\alpha_4(d_5 + c\alpha_5 d_6 + s\alpha_5 \\
s\theta_6 a_6)))))) = p_x
\end{array}
$$

Die vorstehend abgedruckte skalare Gleichung für p_x, die mit Hilfe eines symbolischen Formelmanipulationsprogramms ausgewertet wurde, verdeutlicht sowohl die Komplexität des nichtlinearen Gleichungssystems als auch seine starke Verkopplung (es treten sämtliche Unbekannten in der Gleichung auf). Die restlichen fünf Gleichungen sind von vergleichbarer Komplexität.

Im Verlauf der Koordinatentransformation ergibt sich mehrmals die Notwendigkeit, Transformationsmatrizen zu invertieren. Im allgemeinen ist die Inversion einer Matrix eine sehr aufwendige Operation, im Falle homogener Transformationsmatrizen jedoch leicht auszuführen, da für eine Matrix der Form

$$T = \begin{bmatrix} n_x & o_x & a_x & p_x \\ n_y & o_y & a_y & p_y \\ n_z & o_z & a_z & p_z \\ 0 & 0 & 0 & 1 \end{bmatrix}$$

auf Grund der Orthonormalitätsbedingungen

$$\begin{aligned} \underline{o} \cdot \underline{o} &= 1 \\ \underline{a} \cdot \underline{a} &= 1 \\ \underline{o} \cdot \underline{a} &= 0 \\ \underline{n} &= \underline{o} \times \underline{a} \end{aligned} \tag{2.13}$$

gilt:

$$T^{-1} = \begin{bmatrix} n_x & n_y & n_z & -\underline{p}\cdot\underline{n} \\ o_x & o_y & o_z & -\underline{p}\cdot\underline{o} \\ a_x & a_y & a_z & -\underline{p}\cdot\underline{a} \\ 0 & 0 & 0 & 1 \end{bmatrix} \tag{2.14}$$

Die Richtigkeit dieser Aussage läßt sich durch Multiplikation von T mit T^{-1} leicht überprüfen; es ergibt sich die Einheitsmatrix. Der Rotationsteil der Inversen ist also gleich der Transponierten des Rotationsteils der Originalmatrix. Die gesamte Inversion erfordert somit nur 9 Multiplikationen und 6 Additionen.

2.3.3 Definition der Grundstellung

Ein Roboter befindet sich in *Grundstellung*, wenn alle seine Gelenkvariablen den Wert Null haben, also $\theta = 0°$ für Drehgelenke und $d = 0$ für Schubgelenke. Aus $\theta_i = 0°$ folgt $x_i \parallel x_{i-1}$, aus $d_i = 0$ folgt, daß der Ursprung des Koordinatensystems K_{i-1} mit dem Lotfußpunkt der Normalen von z_{i-1} nach z_i zusammenfällt. Diese Definition nimmt keine Rücksicht darauf, ob die Grundstellung auch tatsächlich eingenommen werden kann. In der Praxis sind die Drehwinkelbereiche und Vorschublängen beschränkt, so daß die Nullagen der Gelenke auch außerhalb der mechanisch möglichen Bereiche liegen können.

Wegen ihrer großen praktischen Bedeutung sollen Roboter mit paralleler und senkrechter Achsanordnung (*orthogonale Roboter*) gesondert betrachtet werden. Bei derartigen Robotern haben die Kreuzungswinkel α die Werte 0° oder ±90°; der Wert 180° kann durch Umorientierung einer Achse zugunsten des Wertes 0° vermieden werden, da das Denavit-Hartenberg-Verfahren bei der Festlegung des Richtungssinnes einer Gelenkachse Wahlfreiheit läßt. Aus demselben Grund ist eigentlich auch die Hinzunahme des Wertes -90° unnötig, doch wird in der vorliegenden Arbeit eine Wahlmöglichkeit zwischen +90° und -90° zugelassen, um durch Redundanz die Anschaulichkeit des Denavit-Hartenberg-Verfahrens zu verbessern.

Im folgenden wird das erste Gelenkkoordinatensystem K_0 als festes Bezugssystem gewählt (dies bedeutet keine Einschränkung der Allgemeinheit, da sich K_0 stets durch eine *konstante* Transformation in ein anders gewähltes Bezugssystem überführen läßt). Dann verlaufen bei einem orthogonalen Roboter die Gelenkachsen z_i ($i = 1 .. 5$) in der Grundstellung parallel zu den Achsen z_0, y_0 und x_0. Die Gelenkachsen z_i verlaufen je nach Kreuzungswinkel α_i parallel zu z_0 oder y_0, solange die Drehwinkel θ_i Null sind. θ kann in der Grundstellung nur bei Schubgelenken ungleich Null werden, und auch dann sind auf Grund der Orthogonalitätsbedingung nur Werte von ±90° zulässig; nur in einem solchen Fall kann es vorkommen, daß eine Gelenkachse z_i in der Grundstellung zu x_0 parallel ist.

2.3.4 Singularitäten

Unter dem Oberbegriff *Singularitäten* fassen wir folgende Fälle zusammen:

a) unerreichbare Stellung
Eine Stellung heißt *unerreichbar*, wenn sie auch bei idealisierten Bewegungsmöglichkeiten der Gelenke (Vollkreis bei Drehgelenken, beliebig große Verschiebungen bei Schubgelenken) nicht erreicht werden kann. Wie in Kapitel 4 gezeigt wird, äußern sich unerreichbare Stellungen durch negative Wurzelargumente und unerfüllbare trigonometrische Beziehungen wie $\cos\theta > 1$ oder $\sin\theta > 1$. Für eine unerreichbare Stellung hat das inverse kinematische Problem keine Lösung.

b) unzulässige Stellung
Eine Stellung heißt *unzulässig*, wenn sie wegen des mechanisch begrenzten Bewegungsumfangs oder wegen eines durch Hindernisse begrenzten Arbeitsraumes nicht angefahren werden kann. Eine unzulässige Stellung zu erkennen und zu vermeiden, ist Sache der übergeordneten Robotersteuerung. Übrigens kann auch die Grundstellung unzulässig sein, was jedoch ihrer Bedeutung als kanonischer Form keinen Abbruch tut.

c) reduzierte Stellung
Eine Stellung heißt *reduziert*, wenn sie auch mit weniger als sechs Freiheitsgraden angefahren werden kann. In dieser Stellung ist der Roboter kinematisch überbestimmt; mathematisch äußert sich dies durch das Auftreten unbestimmter Ausdrücke der Form 0/0. In einer reduzierten Stellung kann mindestens eine Gelenkvariable frei gewählt werden.

d) degenerierte Stellung
Eine Stellung heißt *degeneriert*, wenn sich für diese Stellung die Zahl der Freiheitsgrade des Roboters verringert. In dieser Stellung ist der Roboter kinematisch unterbestimmt. Im Gegensatz zur reduzierten Stellung schließt eine degenerierte Stellung gewisse Bereiche bzw. Punkte des Arbeitsraumes von der Erreichbarkeit durch den Roboter aus. Wie in /Heiß 85/ gezeigt wird, kann eine Degeneration nur bei Gelenken auftreten, die für die Positionseinstellung zuständig sind; im Rahmen der Orientierungseinstellung existiert keine Degeneration.

3. Ein zweistufiger Algorithmus für die Koordinatentransformation

3.1 Winkelhand und Zentralhand

Der in dieser Arbeit vorgestellte Algorithmus für die Koordinatentransformation löst die Gleichung

$$T = A_1(q_1)\ A_2(q_2)\ A_3(q_3)\ A_4(q_4)\ A_5(q_5)\ A_6(q_6) \tag{3.1}$$

nach den Gelenkvariablen $q_1 .. q_6$. Dabei wird vorausgesetzt, daß die Position des Greifers im wesentlichen durch die drei ersten Achsen (*Hauptachsen*) festgelegt wird, während die letzten drei Achsen (*Nebenachsen*) im wesentlichen nur die Orientierung des Greifers beeinflussen. Je besser diese Voraussetzung zutrifft, desto schneller konvergiert der Algorithmus.

Die ersten drei Gelenkvariablen q_1, q_2, q_3 werden als *Positionsvariablen* und die letzten drei Gelenkvariablen q_4, q_5, q_6 als *Orientierungsvariablen* bezeichnet; die zugehörigen Gelenke heißen entsprechend *Positions-* bzw. *Orientierungsgelenke*. Als Orientierungsgelenke kommen nur Drehgelenke in Betracht, da Schubgelenke die Orientierung nicht verändern. Daraus folgt, daß die letzten drei Gelenke Drehgelenke sein müssen; die Orientierungsvariablen heißen somit θ_4, θ_5, θ_6. Diese Einschränkung der Allgemeinheit, die in der Praxis stets erfüllt sein dürfte (es gibt am Markt keine Handkonstruktionen mit Schubgelenken), wird im folgenden vorausgesetzt.

Die durch die Nebenachsen gebildete *Nebenstruktur* wird als *Hand* eines Roboters bezeichnet. Schneiden sich die Nebenachsen in einem Punkt - der sogenannten *Handwurzel* -, so sprechen wir von einer *Zentralhand*, andernfalls von einer *Winkelhand*. Die Winkelhand stellt also den allgemeinen Fall dar, welcher den Sonderfall der Zentralhand einschließt. Das Charakteristikum einer Zentralhand - und die Ursache ihrer großen praktischen Bedeutung - ist die kinematische Entkopplung der Positions- von den Orientierungsachsen. Wird nämlich bei einem Roboter mit Zentralhand der Ursprung des Greiferkoordinatensystems in die Handwurzel gelegt, dann ändert eine Bewegung der Orientierungsachsen - also Drehungen um θ_4, θ_5 und θ_6 - die Position des Greifers nicht. Diese Aussage gilt für Roboter mit Winkelhand nur näherungsweise.

Im mathematischen Modell äußert sich der Sonderfall der Zentralhand darin, daß die translatorischen Parameter a_4, a_5 und d_5 in den Transformationsmatrizen A_4, A_5 und A_6 verschwinden:

$$a_4 = a_5 = d_5 = 0 \tag{3.2}$$

Die restlichen drei translatorischen Parameter d_4, a_6 und d_6, welche ebenfalls in A_4, A_5 und A_6 vorkommen, können auch im Falle der Zentralhand ungleich Null sein. Der Parameter d_4 nimmt keinen Einfluß auf die Bewegung des Greifers, wenn die Positionsvariablen festgehalten und nur die Orientierungsvariablen verändert werden, obwohl die Translation d_4 *nach* der Rotation θ_4 ausgeführt wird; es gilt nämlich

$$\mathrm{Rot}(z,\theta)\ \mathrm{Trans}(z,d) = \mathrm{Trans}(z,d)\ \mathrm{Rot}(z,\theta) \tag{3.3}$$

Rotation und Translation, die im allgemeinen nicht kommutativ sind, können in der Reihenfolge vertauscht werden, wenn sie bezüglich derselben Achse ausgeführt werden. Daraus folgt ferner, daß die Reihenfolge paralleler Dreh- und Schubachsen vertauscht werden kann, ohne daß sich das kinematische Verhalten des Greifers ändert.

Auf Grund der Vertauschbarkeit der Reihenfolge von θ und d kann von den Parametern d_6, a_6 und α_6 ausgesagt werden, daß die durch sie spezifizierten Translationen und Rotationen *nach* der Rotation θ_6 ausgeführt werden. Wir können somit die Transformationsmatrix A_6 in einen variablen Anteil A_{6v} und einen konstanten Anteil A_{6c} aufspalten:

$$A_6(\theta_6) = \underbrace{\mathrm{Rot}(z_5,\theta_6)}_{A_{6v}(\theta_6)}\ \underbrace{\mathrm{Trans}(z_5,d_6)\ \mathrm{Trans}(x_6,a_6)\ \mathrm{Rot}(x_6,\alpha_6)}_{A_{6c}} \tag{3.4}$$

Nun "verschieben" wir das Greiferkoordinatensystem K_6 um das konstante Endstück A_{6c} der kinematischen Kette zurück:

$$T' = T\ A_{6c}^{-1} = A_1(q_1)\ A_2(q_2)\ A_3(q_3)\ A_4(\theta_4)\ A_5(\theta_5)\ A_{6v}(\theta_6) \tag{3.5}$$

T' transformiert Koordinaten, die im verschobenen Greiferkoordinatensystem K_6' vorliegen, zurück in das Gelenkkoordinatensystem K_0. Das *Ersatzproblem* (3.5) ist eine äquivalente Umformung des *Originalproblems* (3.1). Der Vorteil dieser Umformung liegt darin, daß beim Ersatzproblem die Parameter d_6, a_6 und α_6 Null sind, und folglich eine Drehung um θ_6 keine Verschiebung des Ursprungs von K_6' bewirkt. Anschaulich gesprochen versucht das Originalproblem, die *Spitze* eines greiferfesten Werkzeugs mit dem vorgegebenen Bahnpunkt zur Deckung zu bringen, während das Ersatzproblem die *Basis* dieses Werkzeugs mit dem um die Werkzeugabmessungen verschobenen Bahnpunkt zur Deckung zu bringen trachtet. Große Parameter d_6 und a_6 können somit das Konvergenzverhalten des Transformationsalgorithmus nicht mehr beeinträchtigen. Diese Umformung ist sowohl bei Robotern mit Zentralhand als auch bei Robotern mit Winkelhand möglich.

Die Zerlegung einer Transformationsmatrix $A_i(q_i)$ in einen variablen Anteil $A_{iv}(q_i)$ und einen konstanten Anteil A_{ic} ist für alle i möglich. Aus Gründen, die in Abschnitt 3.2.2 näher erläutert werden, ist es zweckmäßig, außer A_6 auch A_3 in der dargestellten Weise zu zerlegen. Damit können wir Gleichung (3.5) wie folgt formulieren:

$$T' = A_1(q_1)\; A_2(q_2)\; A_{3v}(q_3)\; A_{3c}\; A_4(\theta_4)\; A_5(\theta_5)\; A_{6v}(\theta_6) \qquad (3.5)$$

Diese Gleichung soll durch einen Transformationsalgorithmus nach den gesuchten Größen q_1, q_2, q_3, θ_4, θ_5, θ_6 aufgelöst werden.

3.2 Formulierung und Diskussion des Transformationsalgorithmus

Wir geben nunmehr eine genaue Formulierung des Transformationsalgorithmus, wobei wir zwischen Algorithmen für Winkelhand- und Zentralhandroboter unterscheiden:

Algorithmus W (Koordinatentransformation für Winkelhandroboter)

1) Initialisiere θ_4 und θ_5; $T' = T\, A_{6c}^{-1}$; $\underline{p}' = T'\,[0,0,0,1]^T$

loop

2) $\underline{r}' = A_{3c}\, A_4(\theta_4)\, \underline{p}_5(\theta_5)$

3) Löse $A_1(q_1)\, A_2(q_2)\, A_{3v}(q_3)\, \underline{r}' = \underline{p}'$ nach q_1, q_2, q_3 auf

4) *if* $\left\| \underline{q}^{(\nu+1)} - \underline{q}^{(\nu)} \right\| < \varepsilon$ *then exit*

5) $M = (A_1(q_1)\, A_2(q_2)\, A_3(q_3))^{-1}\, T'$

6) Löse $A_4(\theta_4)\, A_5(\theta_5)\, A_{6v}(\theta_6) = M$ nach θ_4, θ_5, θ_6 auf

end

Algorithmus Z (Koordinatentransformation für Zentralhandroboter)

1) $T' = T\, A_{6c}^{-1}$; $\underline{p}' = T'\,[0,0,0,1]^T$

2) $\underline{r}' = A_{3c}\,[0,0,d_4,1]^T$

3) Löse $A_1(q_1)\, A_2(q_2)\, A_{3v}(q_3)\, \underline{r}' = \underline{p}'$ nach q_1, q_2, q_3 auf

4) (Prüfung auf Abbruch entfällt.)

5) $M = (A_1(q_1)\, A_2(q_2)\, A_3(q_3))^{-1}\, T'$

6) Löse $A_4(\theta_4)\, A_5(\theta_5)\, A_{6v}(\theta_6) = M$ nach θ_4, θ_5, θ_6 auf

Da Algorithmus Z ein Spezialfall von Algorithmus W ist, wird im folgenden ohne Beschränkung der Allgemeinheit nur Algorithmus W betrachtet. In der iterativen *Oberstufe* des Algorithmus werden abwechselnd die Positionsvariablen und die Orientierungsvariablen berechnet. Gemäß der zu Beginn dieses Kapitels gemachten Voraussetzung wird zur Berechnung der Positionsvariablen nur translatorische Information herangezogen; diese ist in den Translationsvektoren $\underline{p}'$ und $\underline{r}'$ enthalten, deren geometrische Bedeutung in Abschnitt 3.3.2 näher erklärt wird. In Schritt 2 werden die Positionsgleichungen aufgestellt und in Schritt 3 nach den Positionsvariablen aufgelöst.

Analog hierzu wird für die Berechnung der Orientierungsvariablen nur rotatorische Information herangezogen (siehe Abschnitt 3.3.3). In Schritt 5 werden die Orientierungsgleichungen aufgestellt und in Schritt 6 nach den Orientierungsvariablen aufgelöst.

Die Auflösung nach den Positions- bzw. Orientierungsvariablen bezeichnen wir als *Unterstufe* des Transformationsalgorithmus; sie kann entweder iterativer oder analytischer Natur sein. In der vorliegenden Arbeit wird für die Unterstufe ein analytisches Verfahren eingesetzt, dessen Herleitung Gegenstand von Kapitel 4 ist.

Die Arbeitsweise des Transformationsalgorithmus ist in Bild 3.1 veranschaulicht (die Bezifferung der Teilbilder entspricht dem zeitlichen Ablauf). Ausgehend von der Grundstellung wird der Roboter jeweils nach Schritt 3 und Schritt 6 dargestellt. Nach Schritt 3 ist die Greiferposition korrekt und die Greiferorientierung fehlerhaft, nach Schritt 6 ist die Greiferorientierung korrekt und die Greiferposition fehlerhaft. Die Bewegungsfolge in Bild 3.1 dient nur zur Veranschaulichung; eine *physische* Bewegung des Roboters findet erst nach Beendigung des Algorithmus statt. Die Handabmessungen des im Bilde gezeigten Roboters sind gegenüber den realen Verhältnissen stark übertrieben, um die verbleibenden Positions- bzw. Orientierungsfehler auch optisch hervorzuheben. Bei der Abarbeitung des Transformationsalgorithmus können vier verschiedene Fälle eintreten:

a) Konvergenz mit erreichbaren Zwischenstellungen
Dieser Fall (in Bild 3.1 dargestellt) ist der Normalfall, sofern sich die anzufahrende Stellung im Arbeitsraum des Roboters befindet und nicht zu nahe an einer Singularität liegt. Man erkennt an der dargestellten Bewegungsfolge, daß immer abwechselnd Position bzw. Orientierung des Greifers korrekt sind, wobei der verbleibende Orientierungs- bzw. Positionsfehler mit jedem Iterationsschritt kleiner wird.

b) Konvergenz mit unerreichbaren Zwischenstellungen
Dieser Fall (in Bild 3.2 dargestellt) unterscheidet sich von Fall (a) durch das Auftreten unerreichbarer Zwischenstellungen. Zwar konvergiert der Algorithmus letztlich, doch liegt die anzufahrende Stellung in einem Bereich des Arbeitsraumes, der nicht durch eine *beliebige* Kombination von

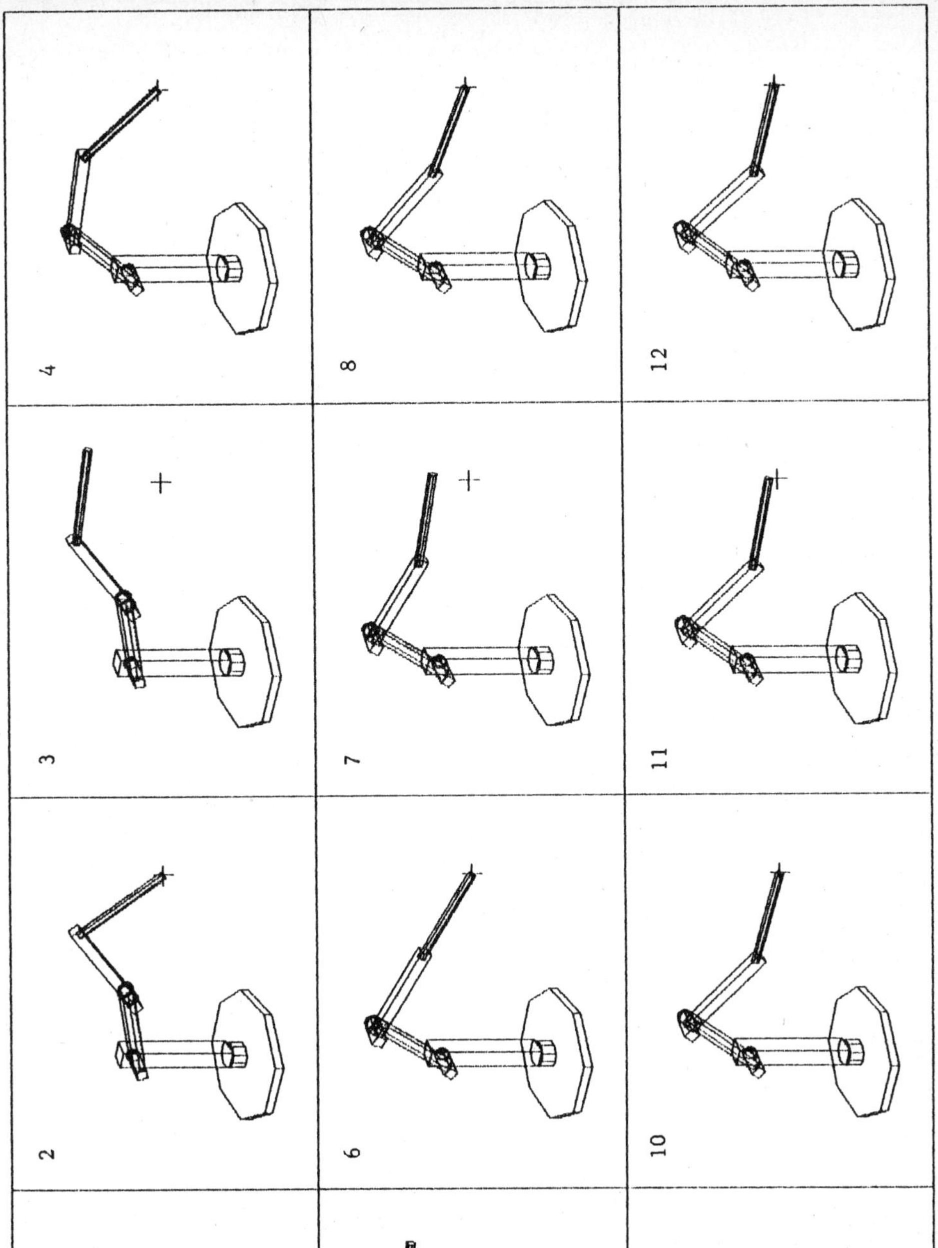

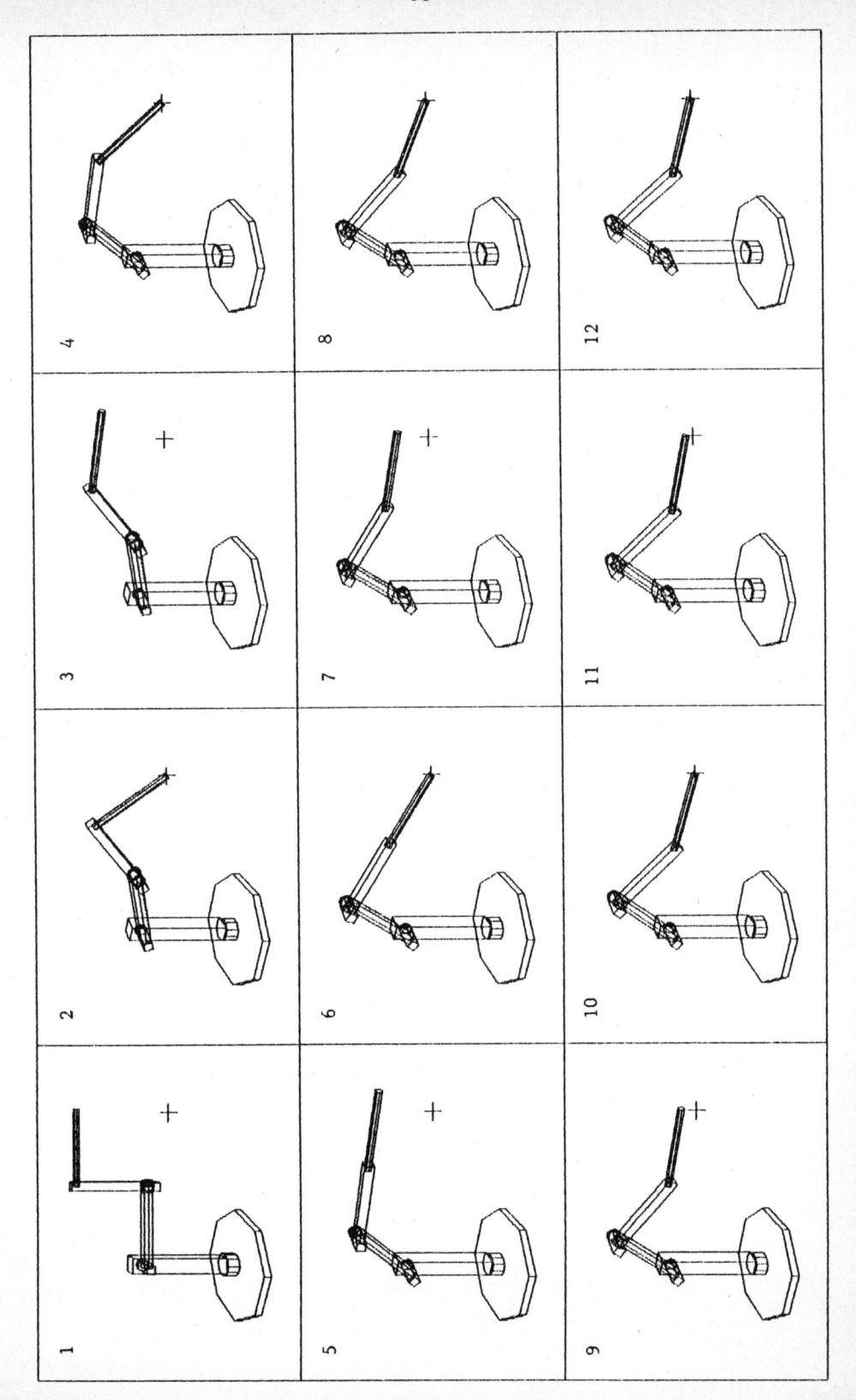

Bild 3.1: Konvergenz mit erreichbaren Zwischenstellungen

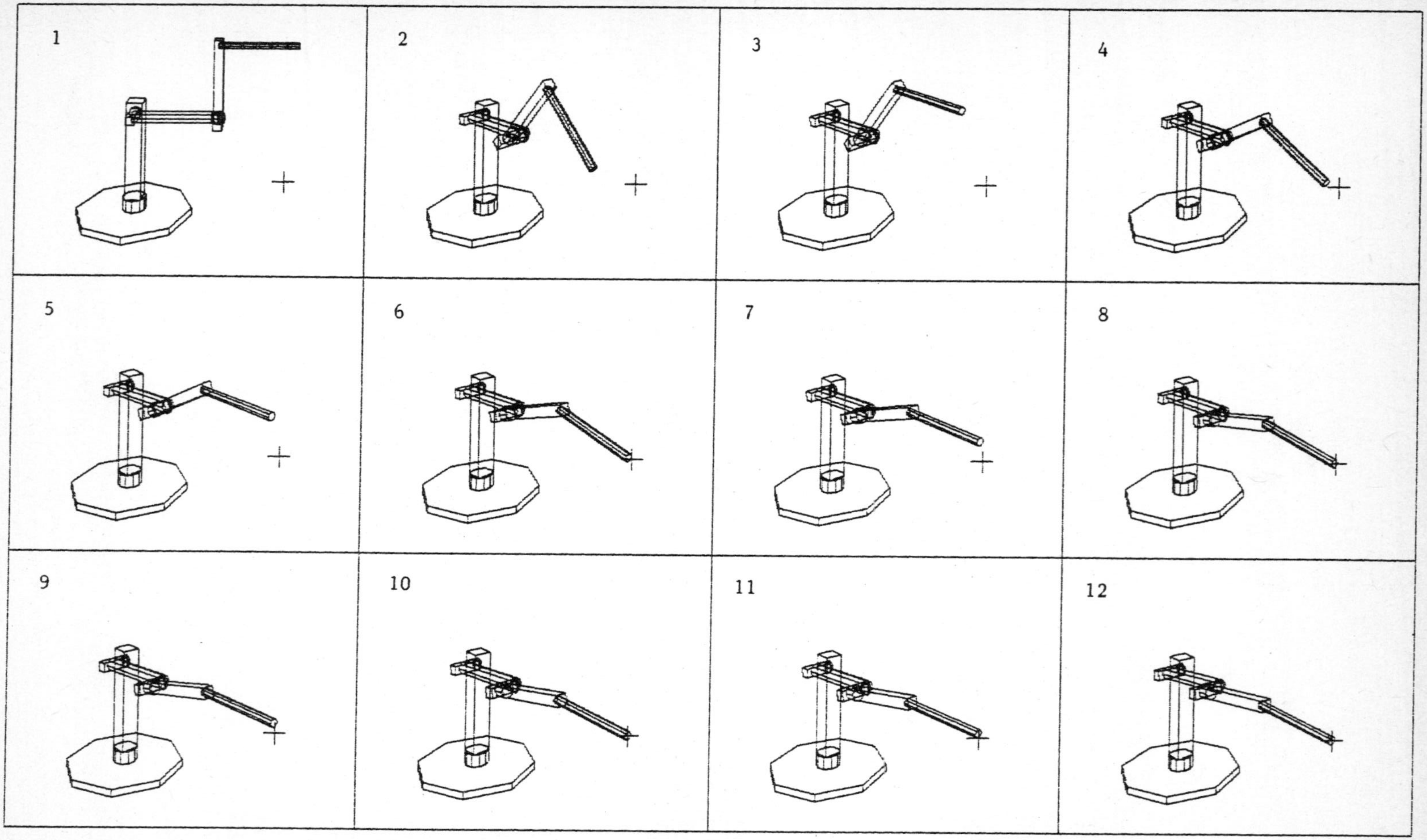

Bild 3.2: Konvergenz mit unerreichbaren Zwischenstellungen

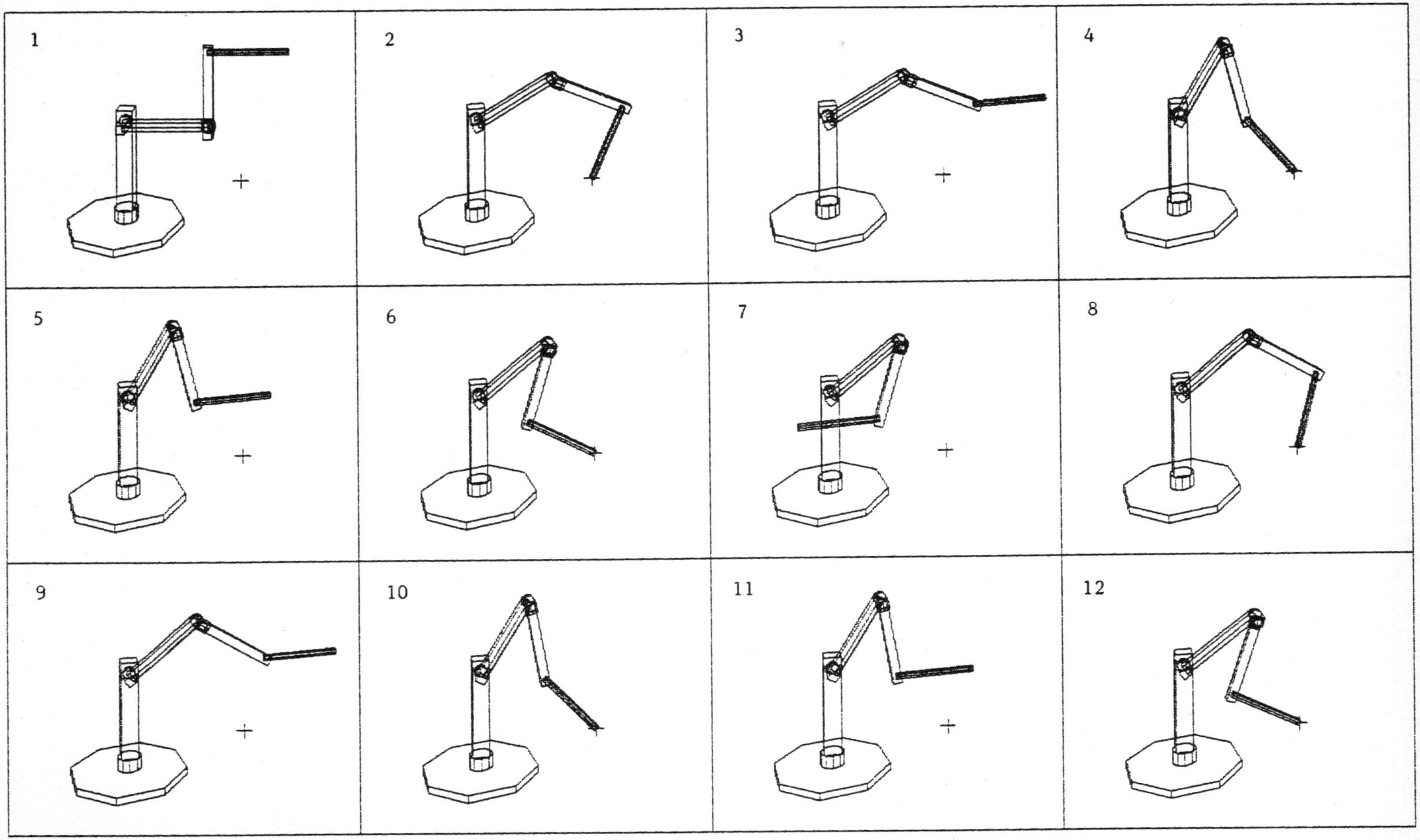

<u>Bild 3.3:</u> Divergenz mit erreichbaren Zwischenstellungen

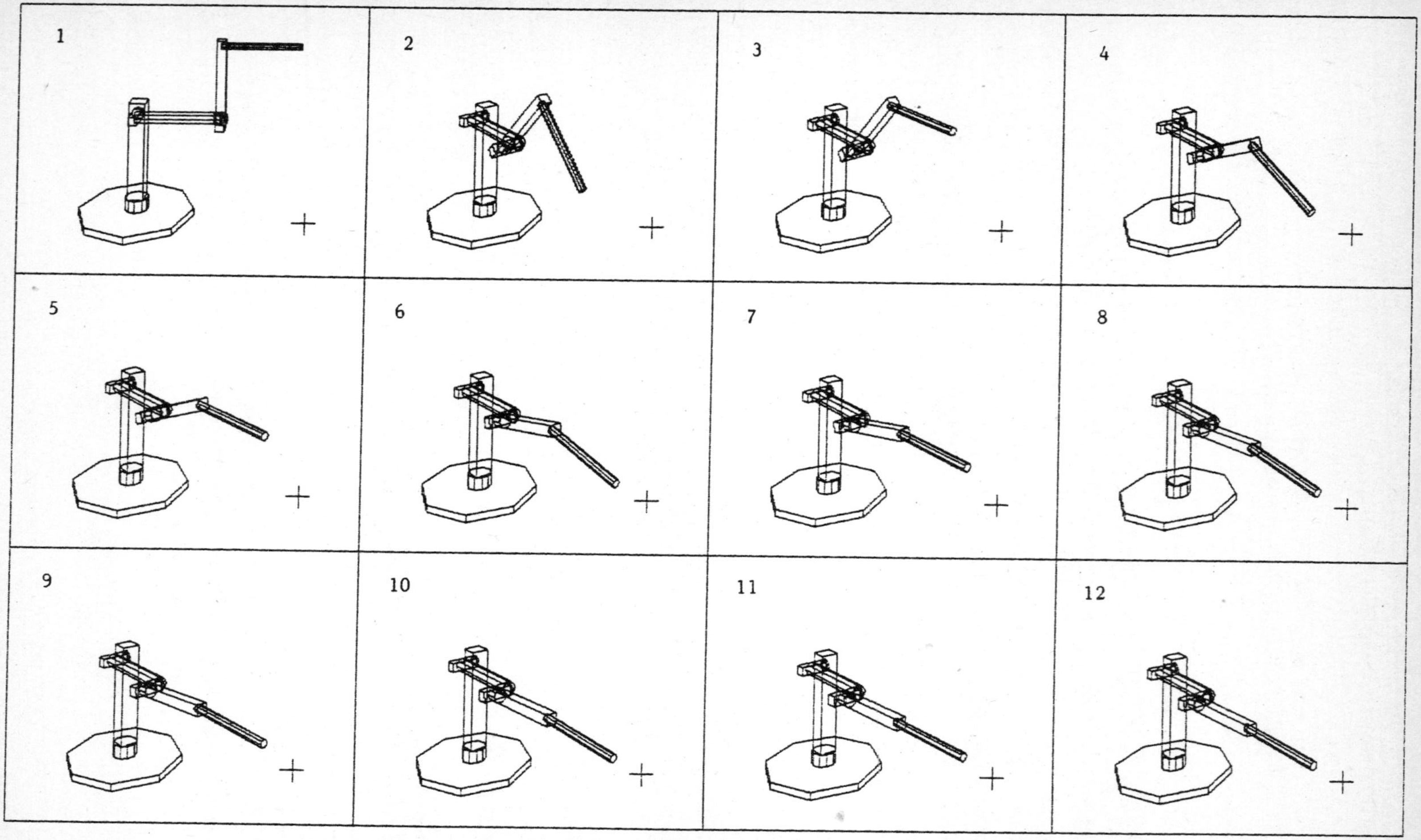

<u>Bild 3.4:</u> Divergenz mit unerreichbaren Zwischenstellungen

Greiferposition und -orientierung erreicht werden kann. So können, wie in Bild 3.2 gezeigt, die Orientierungsvariablen solche Werte annehmen, daß die anzufahrende Stellung für alle möglichen Werte der Positionsvariablen unerreichbar bleibt. Wie das Beispiel zeigt, liefert das Auftreten unerreichbarer Stellungen kein Abbruchkriterium für den Transformationsalgorithmus; was in einem solchen Falle zu tun ist, wird für jeden einzelnen Robotertyp in Kapitel 4 diskutiert.

c) Divergenz mit erreichbaren Zwischenstellungen

Dieser Fall (in Bild 3.3 dargestellt) tritt in der Nähe singulärer Stellungen auf. Es kommt zu einem charakteristischen Oszillieren um die gesuchte Stellung, in Bild 3.3 deutlich an der periodischen Sequenz 2 - 7 zu erkennen. Typisch ist auch das plötzliche "Umklappen" des Handgelenks (θ_4 und θ_6 wechseln gleichzeitig das Vorzeichen), wie es in Bild 3.3 zu sehen ist. Auch Fall (c) ist nicht ganz nutzlos: nach erzwungenem Abbruch des Transformationsalgorithmus ist zumindest die Greifer*position* korrekt.

d) Divergenz mit unerreichbaren Zwischenstellungen

Dieser Fall (in Bild 3.4 dargestellt) tritt bei Stellungen auf, die außerhalb des Arbeitsraumes liegen und daher prinzipiell unerreichbar sind. Fall (d) kann als Extremum von Fall (b) angesehen werden.

Als Abbruchkriterium für den Transformationsalgorithmus kann die Vektornorm der Differenz zweier aufeinanderfolgender Vektoren der Gelenkvariablen verwendet werden; alternativ wäre auch ein Abbruch nach einer festen Anzahl von Iterationszyklen denkbar. Das Abbruchkriterium wird nach Schritt 3 abgefragt, um den Restfehler in den Orientierungsvariablen zu belassen; meist ist nämlich die Position des Greifers wichtiger als seine Orientierung. Im umgekehrten Fall (Orientierung wichtiger als Position) muß die Abfrage hinter Schritt 6 plaziert werden. Man sollte auf jeden Fall mindestens einen kompletten Iterationszyklus durchlaufen, bevor das Abbruchkriterium zum ersten Mal abgefragt wird, um sicherzustellen, daß alle sechs Gelenkvariablen wenigstens in erster Näherung berechnet worden sind. Lumelsky empfiehlt außerdem, nach Beendigung der Schleife einen Nachiterationsschritt mit dem Originalproblem auszuführen /Lumelsky 84/:

7) $\underline{p} = T\,[0,0,0,1]^T$

8) $\underline{r} = A_{3c}\ A_4(\theta_4)\ A_5(\theta_5)\ \underline{p}_6(\theta_6)$

9) Löse $A_1(q_1)\ A_2(q_2)\ A_{3v}(q_3)\ \underline{r} = \underline{p}$ nach q_1, q_2, q_3 auf

Dem liegt die Überlegung zugrunde, daß nach Schritt 3 zwar die Position des *verschobenen* Greiferkoordinatensystems K_6' korrekt ist, nicht notwendigerweise jedoch die des originalen Systems K_6. Bei endlichen d_6 und a_6 bewirkt nämlich der Restfehler in der Orientierung von K_6' einen Positionsfehler in K_6, der je nach Länge der "Hebelarme" d_6 und a_6 theoretisch beliebig groß werden kann.

Dennoch wird in der vorliegenden Arbeit von einer Nachiteration abgesehen, weil zum einen die Wirkung der Hebelarme d_6 und a_6 durch eine entsprechend schärfere Fehlerschranke ε aufgehoben werden kann, und weil zum anderen - und das ist der schwerer wiegende Grund - in der Nähe von Singularitäten das Originalproblem divergiert, während das Ersatzproblem (noch) konvergiert; die Verbesserung der Konvergenzeigenschaften war ja gerade der Grund für die Einführung des Ersatzproblems gewesen. Im Experiment hat sich die Lösung des Ersatzproblems auch bei langen Hebelarmen d_6 und a_6 als völlig ausreichende Näherung der Lösung des Originalproblems erwiesen.

Aus Effizienzgründen werden in den Schritten 3 und 6 die Gelenkvariablen, soweit es sich um Drehwinkel handelt, nicht explizit, sondern in Form von Sinus/Cosinus-Paaren berechnet. Eine explizite Berechnung der Drehwinkel würde die Bildung des Arcus tangens erfordern; außerdem müßten dann beim erneuten Einsetzen der Drehwinkel in die Transformationsmatrizen nach Gleichung (2.10) jeweils der Sinus und der Cosinus berechnet werden. Insgesamt wären also bei einem Roboter mit sechs Drehachsen pro Iterationszyklus 18 trigonometrische Funktionen bzw. Umkehrfunktionen auszurechnen. Da diese Berechnungen sehr kostspielig sind (im Vergleich zu den Grundrechenarten), verzichtet der hier vorgestellte Transformationsalgorithmus auf die explizite Darstellung der Drehwinkel. Dies hat den Vorteil, daß (zumindest innerhalb der Iterationsschleife) keine Standardfunktionen außer der Wurzelfunktion aufgerufen werden müssen.

3.3 Kostenanalyse

Die einzelnen Schritte des Transformationsalgorithmus sollen nun genauer betrachtet und hinsichtlich ihrer arithmetischen Kosten analysiert werden. Die Kosten werden nach Grundrechenarten und höheren mathematischen Funktionen (Wurzel, sin, cos, arctan) aufgeschlüsselt. Subtraktionen werden als Additionen mit negativem Vorzeichen angesehen. Vergleichsoperationen zählen als Subtraktion, da sie in der Regel als solche in den meisten Rechnern implementiert sind. Ausnahme: der Vergleich mit Null sowie die Vorzeichenprüfung werden von den Kosten her als vernachlässigbar gegenüber den anderen Operationen gewertet, da die entsprechenden Statusflaggen bei den meisten Rechenwerken schon beim Datentransfer gesetzt werden.

Die besondere Struktur der Transformationsmatrizen (4 Nullelemente, 1 Einselement) erlaubt eine Optimierung aller Matrizenoperationen, derart, daß Multiplikationen mit 0 und 1 nicht ausgeführt werden müssen und somit auch nicht in der Kostenanalyse zu Buche schlagen.

3.3.1 Initialisierung

Bei Winkelhandrobotern werden in Schritt 1 die Orientierungsvariablen θ_4 und θ_5 vorbesetzt (θ_6 nimmt beim Ersatzproblem keinen Einfluß auf die Greiferposition und braucht deshalb nicht initialisiert zu werden). Liegen diese noch nicht in Sinus/Cosinus-Form vor, so müssen vier Sinus- und Cosinus-Funktionen berechnet werden. In der Praxis wird man als Anfangswerte einfach die Gelenkkoordinaten des vorhergehenden Bahnpunktes übernehmen. Wenn die Bahnpunkte im kartesischen Raum nahe beieinander liegen, dann stellen die Gelenkkoordinaten eines Bahnpunktes in der Regel eine gute Näherung für die Gelenkkoordinaten des nächsten Bahnpunktes dar. Dieses gut konditionierte Verhalten gilt freilich nicht für singuläre Stellungen: in deren Nähe können kleine Änderungen der Weltkoordinaten große Änderungen der Gelenkkoordinaten zur Folge haben.

Bei Zentralhandrobotern erübrigt sich die Vorbesetzung der Orientierungsvariablen, weil diese in die Berechnung der Positionsvariablen nicht eingehen.

Zur Initialisierung des Transformationsalgorithmus gehört ferner die Umformung des Originalproblems in das äquivalente Ersatzproblem:

$$T' = T\,A_{6c}^{-1}$$

$$= \begin{bmatrix} n_x & o_x & a_x & p_x \\ n_y & o_y & a_y & p_y \\ n_z & o_z & a_z & p_z \\ 0 & 0 & 0 & 1 \end{bmatrix} \begin{bmatrix} 1 & 0 & 0 & -a_6 \\ 0 & c\alpha_6 & s\alpha_6 & -s\alpha_6 d_6 \\ 0 & -s\alpha_6 & c\alpha_6 & -c\alpha_6 d_6 \\ 0 & 0 & 0 & 1 \end{bmatrix}$$

$$= \begin{bmatrix} n_x & o_x c\alpha_6 - a_x s\alpha_6 & o_x s\alpha_6 + a_x c\alpha_6 & -n_x a_6 - o_x s\alpha_6 d_6 - a_x c\alpha_6 d_6 + p_x \\ n_y & o_y c\alpha_6 - a_y s\alpha_6 & o_y s\alpha_6 + a_y c\alpha_6 & -n_y a_6 - o_y s\alpha_6 d_6 - a_y c\alpha_6 d_6 + p_y \\ n_z & o_z c\alpha_6 - a_z s\alpha_6 & o_z s\alpha_6 + a_z c\alpha_6 & -n_z a_6 - o_z s\alpha_6 d_6 - a_z c\alpha_6 d_6 + p_z \\ 0 & 0 & 0 & 1 \end{bmatrix} \quad (3.6)$$

Die Bildung von T' erfordert 23 Multiplikationen und 15 Additionen. Weiterhin wird in Schritt 1 die schleifeninvariante Transformation A_{3c} berechnet, welche in Schritt 2 benötigt wird. Hier gilt es, zwischen Schub- und Drehgelenk zu unterscheiden:

$$q_3 = d_3 \quad \Rightarrow \quad A_3(d_3) = \underbrace{Trans(z_2,d_3)}_{=\;A_{3v}(d_3)}\ \underbrace{Rot(z_2,\theta_3)\ Trans(x_3,a_3)\ Rot(x_3,\alpha_3)}_{A_{3c}}$$

$$q_3 = \theta_3 \quad \Rightarrow \quad A_3(\theta_3) = \underbrace{Rot(z_2,\theta_3)}_{=\;A_{3v}(\theta_3)}\ \underbrace{Trans(z_2,d_3)\ Trans(x_3,a_3)\ Rot(x_3,\alpha_3)}_{A_{3c}}$$

Wie schon bei der Herleitung von A_{6c} in Abschnitt 3.1 haben wir die Vertauschbarkeit der Reihenfolge von d-Translation und θ-Rotation ausgenutzt. Die Bildung von A_{3c} erfordert im aufwendigsten Fall ($q_3 = d_3$) 6 Multiplikationen. Insgesamt ergeben sich für die Initialisierung folgende Kosten:

	Sinus	Cosinus	Multiplikationen	Additionen
Winkelhand	2	2	29	15
Zentralhand	0	0	29	15

3.3.2 Aufstellung der Positionsgleichungen

Die Berechnung der Positionsvariablen q_1, q_2, q_3 umfaßt Aufstellung (Schritt 2) und Lösung (Schritt 3) der Positionsgleichungen. Bei der Berechnung der Positionsvariablen werden die Orientierungsvariablen θ_4, θ_5, θ_6 festgehalten; somit teilt sich die kinematische Kette in eine variable Teilkette $A_1A_2A_{3v}$ und eine konstante Teilkette $A_{3c}A_4A_5A_6$. Bild 3.5 zeigt eine solche Aufspaltung an Hand eines Beispiels. Die Abmessungen der Glieder 4 - 6 sind im Verhältnis zu den Abmessungen der Glieder 1 - 3 stark übertrieben dargestellt, um die geometrischen Beziehungen besser zu verdeutlichen. Der Translationsteil der konstanten Teilkette wird durch den Vektor $\underline{r}$ für das Originalproblem (3.1) bzw. den Vektor $\underline{r}'$ für das Ersatzproblem (3.5) repräsentiert. Wir betrachten im folgenden ausschließlich das Ersatzproblem.

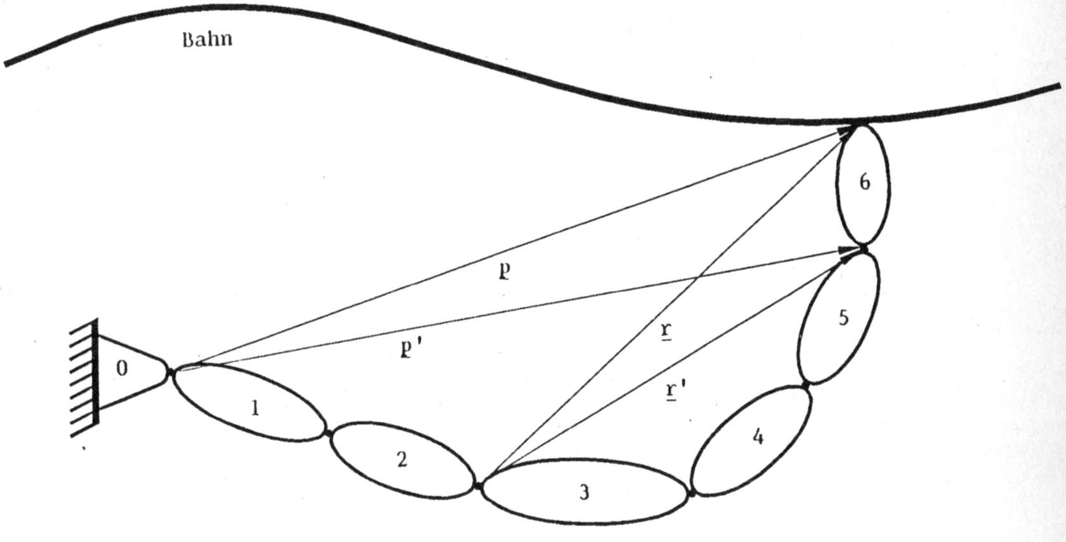

Bild 3.5: Aufspaltung der kinematischen Kette

Bei der Aufspaltung legen wir den Teilungspunkt so, daß $\underline{r}'$ möglichst viele der translatorischen Parameter d und a erfaßt. Daher kommt der Teilungspunkt nicht zwischen A_3 und A_4, sondern zwischen A_{3v} und A_{3c} zu liegen, um die konstanten Parameter d_3 und a_3 ($q_3 = \theta_3$) bzw. den konstanten Parameter a_3 ($q_3 = d_3$) in die Definition von $\underline{r}'$ mit einzubeziehen.

Der Teilungspunkt kann somit als Ursprung eines Koordinatensystems K_{3v} aufgefaßt werden, das zwischen den Gelenkkoordinatensystemen K_2 und K_3 liegt:

$$^{2}A_3(q_3) = {}^{2}A_{3v}(q_3)\ {}^{3v}A_{3c}$$

Dann gilt für Winkelhandroboter:

$$^{3v}\underline{r}' = {}^{3v}A_{3c}\ {}^{3}A_4(\theta_4)\ {}^{4}\underline{p}_5(\theta_5)$$

$$= \begin{bmatrix} ^{3v}n_{3x} & ^{3v}o_{3x} & ^{3v}a_{3x} & ^{3v}p_{3x} \\ ^{3v}n_{3y} & ^{3v}o_{3y} & ^{3v}a_{3y} & ^{3v}p_{3y} \\ 0 & ^{3v}o_{3z} & ^{3v}a_{3z} & ^{3v}p_{3z} \\ 0 & 0 & 0 & 1 \end{bmatrix} \begin{bmatrix} ^{3}n_{4x} & ^{3}o_{4x} & ^{3}a_{4x} & ^{3}p_{4x} \\ ^{3}n_{4y} & ^{3}o_{4y} & ^{3}a_{4y} & ^{3}p_{4y} \\ 0 & ^{3}o_{4z} & ^{3}a_{4z} & ^{3}p_{4z} \\ 0 & 0 & 0 & 1 \end{bmatrix} \begin{bmatrix} ^{4}p_{5x} \\ ^{4}p_{5y} \\ ^{4}p_{5z} \\ 1 \end{bmatrix} \quad (3.7)$$

$^{3v}A_{3c}$ wurde bereits in Schritt 1 berechnet. Die Bildung von $^{3}A_4(\theta_4)$ kostet 6 Multiplikationen, die von $^{4}\underline{p}_5$ 2 Multiplikationen (gemäß Gleichung (2.10)). Die Matrix-Vektor-Multiplikationen von Gleichung (3.7) erfordern dann weitere 16 Multiplikationen und 16 Additionen. Insgesamt erhalten wir also für Winkelhandroboter 24 Multiplikationen und 16 Additionen. Bei Zentralhandrobotern vereinfacht sich Schritt 2 wegen $a_4 = a_5 = d_5 = 0$ zu

$$^{3v}\underline{r}' = {}^{3v}A_{3c}\ [0,0,d_4,1]^T$$

$$= \begin{bmatrix} ^{3v}a_{3x}d_4 + {}^{3v}p_{3x} \\ ^{3v}a_{3y}d_4 + {}^{3v}p_{3y} \\ ^{3v}a_{3z}d_4 + {}^{3v}p_{3z} \\ 1 \end{bmatrix} \quad (3.8)$$

Gleichung (3.8) erfordert 3 Multiplikationen und 3 Additionen. Damit können wir nun die Kosten für die *Aufstellung* der Positionsgleichungen angeben:

	Multiplikationen	Additionen
Winkelhand	24	16
Zentralhand	3	3

Die *Lösung* der Positionsgleichungen, d.h. die Bestimmung der Positionsvariablen q_1, q_2, q_3 aus $\underline{p}'$ und $\underline{r}'$, ist Gegenstand von Abschnitt 4.3.

3.3.3 Aufstellung der Orientierungsgleichungen

Die Berechnung der Orientierungsvariablen θ_4, θ_5, θ_6 umfaßt die Aufstellung (Schritt 5) und Lösung (Schritt 6) der Orientierungsgleichungen. Dazu wird Gleichung (3.5) wie folgt umgeformt:

$$A_4(\theta_4)\ A_5(\theta_5)\ A_{6v}(\theta_6) = (A_1(q_1)\ A_2(q_2)\ A_3(q_3))^{-1}\ T' \tag{3.9}$$

Bei der Berechnung der Orientierungsvariablen werden die Positionsvariablen q_1, q_2, q_3 festgehalten. Zunächst werden die Positionsvariablen gemäß Gleichung (2.10) in die Transformationsmatrizen A_1, A_2 und A_3 eingesetzt (12 Multiplikationen). Sodann wird eine Vorwärtsrechnung durchgeführt:

$$A_1(q_1)\ A_2(q_2)\ A_3(q_3) = \begin{bmatrix} n''_x & o''_x & a''_x & ? \\ n''_y & o''_y & a''_y & ? \\ n''_z & o''_z & a''_z & ? \\ 0 & 0 & 0 & 1 \end{bmatrix} \tag{3.10}$$

Die beiden Matrixmultiplikationen erfordern 45 skalare Multiplikationen und 27 Additionen; die Elemente des Translationsvektors brauchen nicht bestimmt zu werden, da die Orientierungsgleichungen dem Rotationsteil von (3.9) entnommen werden sollen. Nun wird die Matrix (3.10) invertiert und von rechts mit T' multipliziert:

$$M = (A_1(q_1)\ A_2(q_2)\ A_3(q_3))^{-1}\ T'$$

$$= \begin{bmatrix} n''_x & n''_y & n''_z & ? \\ o''_x & o''_y & o''_z & ? \\ a''_x & a''_y & a''_z & ? \\ 0 & 0 & 0 & 1 \end{bmatrix} \begin{bmatrix} n'_x & o'_x & a'_x & ? \\ n'_y & o'_y & a'_y & ? \\ n'_z & o'_z & a'_z & ? \\ 0 & 0 & 0 & 1 \end{bmatrix}$$

$$= \begin{bmatrix} n''_x n'_x + n''_y n'_y + n''_z n'_z & n''_x o'_x + n''_y o'_y + n''_z o'_z & n''_x a'_x + n''_y a'_y + n''_z a'_z & ? \\ o''_x n'_x + o''_y n'_y + o''_z n'_z & o''_x o'_x + o''_y o'_y + o''_z o'_z & o''_x a'_x + o''_y a'_y + o''_z a'_z & ? \\ ? & ? & a''_x a'_x + a''_y a'_y + a''_z a'_z & ? \\ 0 & 0 & 0 & 1 \end{bmatrix} \tag{3.11}$$

Die Berechnung von M erfordert 21 Multiplikationen und 14 Additionen; es werden nur die sieben angegebenen Elemente des Rotationsteils berechnet, da nur sie im späteren Rechengang benötigt werden.

Insgesamt erfordert die Aufstellung der Orientierungsgleichungen (Schritt 5) folgende Kosten:

	Multiplikationen	Additionen
Winkelhand	78	41
Zentralhand	78	41

In diesem Schritt läßt sich aus der Geometrie der Zentralhand kein rechentechnischer Vorteil ziehen. Die Lösung der Orientierungsgleichungen, d.h. die Bestimmung der Orientierungsvariablen θ_4, θ_5, θ_6 aus den sieben berechneten Elementen des Rotationsteils von M (Schritt 6), ist Gegenstand von Abschnitt 4.4.

3.3.4 Abbruchbedingung und Konvergenzbetrachtung

Die Abbruchbedingung (Schritt 4) ist nur im Falle der Winkelhand von Interesse; bei Robotern mit Zentralhand erübrigt sie sich, da die Gelenkvariablen bereits nach dem ersten Iterationszyklus exakt vorliegen. Zur Herleitung der Abbruchbedingung betrachten wir die Iterationsfolge $\{\underline{q}^{(\nu)}\}$ mit der Iterationsvorschrift

$$\underline{q}^{(\nu+1)} = \underline{\phi}(\underline{q}^{(\nu)}) , \quad \nu = 0,1,2,... \qquad (3.12)$$

$\underline{\phi}$ heißt vektorielle *Schrittfunktion*; sie wird implizit durch die Iterationsschleife (Schritte 2 - 6) realisiert. Eine explizite Angabe von $\underline{\phi}$ in geschlossener Form ist nicht möglich, da die Unterstufe des Transformationsalgorithmus (Schritte 3 und 6) in Kapitel 4 durch Fallunterscheidung gelöst wird; eine fallweise Angabe von $\underline{\phi}$ in geschlossener Form würde einen ähnlich hohen Aufwand erfordern wie die Herleitung des inversen kinematischen Problems für beliebige sechsachsige Roboter, so wie sie in Abschnitt 2.3.2 exemplarisch für eine skalare Gleichung durchgeführt wurde. Dies liegt daran, daß auch bei orthogonalen Robotern die Gelenkvariablen in der Regel nicht voneinander unabhängig, sondern über Matrixmultiplikationen (Schritte 2 und 5) miteinander verkoppelt sind. Eine Darstellung der Schrittfunktion in geschlossener Form scheidet daher aus praktischen Gründen aus.

Damit kann dann allerdings auch keine Aussage darüber getroffen werden, in welchen Gebieten des (sechsdimensionalen) Arbeitsraumes der Algorithmus konvergieren wird; hierfür müßte nämlich gezeigt werden, daß $\underline{\phi}$ in diesen Gebieten einer Lipschitzbedingung genügt. Andere Verfahren, welche Konvergenzaussagen ohne Verwendung der Lipschitzkonstanten erlauben, kommen hier ebenfalls nicht in Betracht, da sie, um praktikabel zu sein, die Kenntnis der Funktionalmatrix von $\underline{\phi}$ voraussetzen /Engeln-Müllges 85/.

Dennoch kann von dem Transformationsalgorithmus ausgesagt werden, daß er, *wenn* er konvergiert, in Form einer geometrischen Reihe konvergiert. Diese Aussage beruht auf der Überlegung, daß die Greiferorientierung in Schritt 6 durch die Bewegung der Nebenachsen um *denselben* Betrag korrigiert wird, um den sie in Schritt 3 durch die Bewegung der Hauptachsen verfälscht worden ist /Milenkovic 83/ (siehe Bild 3.1).

Die Korrekturbewegung der Nebenachsen wird in der Regel eine *kleinere* Positionsverschiebung d_N bewirken als die Verschiebung d_H, welche zuvor durch die Bewegung der Hauptachsen verursacht wurde. Demnach verhält sich der Positionsfehler am Ende der Iterationsschleife zum Positionsfehler zu Beginn der Schleife wie $\rho = d_N/d_H$; im Falle der Zentralhand ist $\rho = 0$, da die Korrekturbewegung der Nebenachsen keine Verschiebung der Greiferposition bewirkt. Allgemein gesagt muß $\rho < 1$ sein, damit der Algorithmus konvergiert.

Eine einfache geometrische Interpretation dieser Konvergenzbetrachtung, zum Beispiel in Form einer Herleitung von ρ als Verhältnis konstanter Denavit-Hartenberg-Parameter, ist nicht möglich; vielmehr ist ρ von den aktuellen Gelenkkoordinaten abhängig, also variabel. Diese Abhängigkeit wird in Bild 3.5 deutlich, wo der Betrag von $\underline{r}'$ (als Maß für die aktuelle "Länge" der Nebenstruktur) eine Funktion der Drehgelenke θ_4 und θ_5 ist.

In der Praxis wird man solange iterieren, bis entweder der Iterationsfehler eine vorgegebene Schranke unterschreitet (Konvergenz) oder bis eine maximale Zahl an Iterationszyklen durchlaufen worden ist (Divergenz). Eine feinere Analyse könnte überprüfen, ob das Verfahren kontrahiert, um beispielsweise zwischen den Divergenzfällen "prinzipielle Unerreichbarkeit" (Bild 3.4) und "Oszillieren um die Lösung" (Bild 3.3) zu unterscheiden; ein Bahnplanungsprogramm wäre dann in der Lage, eine sinnvolle Ausweichstrategie zu entwickeln. Eine solche, kontextabhängige Fehleranalyse würde jedoch den Rahmen des Moduls "Koordinatentransformator" sprengen; sie soll deshalb dem übergeordneten Bahnplaner vorbehalten bleiben. Bei der hier vorgeschlagenen Abbruchbedingung betrachten wir die Vektornorm der Differenz $\underline{\Delta q}^{(\nu+1)}$ zweier aufeinanderfolgender Gelenkkoordinatenvektoren $\underline{q}^{(\nu)}$ und $\underline{q}^{(\nu+1)}$:

$$\left\| \underline{\Delta q}^{(\nu+1)} \right\| = \max_{1 \le i \le 6} \left| q_i^{(\nu+1)} - q_i^{(\nu)} \right| < \varepsilon , \quad \varepsilon > 0 \qquad (3.13)$$

Bei Schubgelenken ist die Differenz $\left| d_i^{(\nu+1)} - d_i^{(\nu)} \right|$ leicht zu bilden, bei Drehgelenken hingegen müßten die Winkel $\theta_i^{(\nu+1)}$ und $\theta_i^{(\nu)}$ explizit berechnet werden. Um aufwendige arctan-Aufrufe zu vermeiden, beschränken wir uns auf sinus und cosinus dieser Drehwinkel. Für kleine Winkel ε gilt nämlich:

$$\sin \varepsilon \approx \varepsilon$$

Damit formulieren wir die Abbruchbedingung für Drehwinkel neu:

$$\left|\sin\,(\theta_i^{(\nu+1)} - \theta_i^{(\nu)})\right| < \sin\varepsilon \approx \varepsilon \tag{3.14}$$

Ungleichung (3.14) ist allerdings nur dann näherungsweise äquivalent zu Ungleichung (3.13), wenn der Differenzwinkel im ersten oder vierten Quadranten liegt. (3.14) gilt darüber hinaus auch für den Fall, daß die beiden Winkel um etwa 180° auseinanderliegen, was gerade in der Nähe von Singularitäten häufig vorkommt. Um diesen unerwünschten Fall, bei dem der Differenzwinkel im zweiten oder dritten Quadranten liegt, als Divergenz erkennen zu können, fordern wir zusätzlich

$$\cos\,(\theta_i^{(\nu+1)} - \theta_i^{(\nu)}) \geq 0 \tag{3.15}$$

Ungleichung (3.15) ist nur dann erfüllt, wenn der Differenzwinkel im ersten oder vierten Quadranten liegt. Die Ungleichungen (3.14) und (3.15) *zusammen* bilden also die Abbruchbedingung für die rotatorische Gelenkvariable θ_i.

Da der Differenzwinkel nicht explizit vorliegt, verwenden wir die Additionstheoreme:

$$\left|\sin\theta_i^{(\nu+1)}\cos\theta_i^{(\nu)} - \cos\theta_i^{(\nu+1)}\sin\theta_i^{(\nu)}\right| < \varepsilon \tag{3.16}$$

$$\cos\theta_i^{(\nu+1)}\cos\theta_i^{(\nu)} + \sin\theta_i^{(\nu+1)}\sin\theta_i^{(\nu)} \geq 0 \tag{3.17}$$

Da die vier Faktoren in den Ungleichungen (3.16) und (3.17) bereits berechnet vorliegen, kostet die Prüfung der Abbruchbedingung bei Drehwinkeln vier Multiplikationen und drei Additionen (die Vergleichsoperation in (3.16) wird als Addition gezählt, während der Vergleich in (3.17) in der Regel keine Kosten verursacht, da die Prüfung auf 0 bei den meisten Rechenwerken automatisch erfolgt). Im aufwendigsten Fall (Roboter mit sechs Drehachsen) ergeben sich für Schritt 4 also folgende Kosten:

	Multiplikationen	Additionen
Winkelhand	24	18
Zentralhand	0	0

3.3.5 Gesamtkosten

Die Gesamtkosten des Transformationsalgorithmus setzen sich zusammen aus einmaligen Initialisierungs- und Terminierungskosten sowie aus Kosten, die proportional zur Anzahl der durchlaufenen Iterationszyklen wachsen. Betrachten wir zunächst die Kosten pro Iterationszyklus; die Zahlen für Winkelhandroboter stehen links, die für Zentralhandroboter rechts vom Schrägstrich.

	Wurzeln	Divisionen	Multiplikationen	Additionen
Schritt 2	0 / 0	0 / 0	24 / 3	16 / 3
Schritt 3	3 / 3	3 / 3	42 / 42	23 / 23
Schritt 4	0 / 0	0 / 0	24 / 0	18 / 0
Schritt 5	0 / 0	0 / 0	78 / 78	41 / 41
Schritt 6	1 / 1	1 / 1	12 / 12	3 / 3
Summe	4 / 4	4 / 4	180 /135	101 / 70

Diese Kosten sind bei Winkelhandrobotern mit der Anzahl der durchlaufenen Iterationszyklen zu multiplizieren; der letzte Zyklus wird allerdings nur bis Schritt 4 einschließlich ausgeführt. Die angegebenen Kosten für die Schritte 3 und 6 gelten jeweils für den aufwendigsten Fall; sie werden in Kapitel 4 hergeleitet.

In Schritt 1 fallen noch einmalige Initialisierungskosten an; außerdem muß nach Verlassen der Iterationsschleife noch bis zu sechsmal der Arcus tangens gebildet werden, falls die Drehwinkel explizit ausgegeben werden sollen. Somit erhalten wir an einmalig anfallenden Kosten:

	Arctan	Sinus	Cosinus	Div.	Mult.	Add.
Initialisierung	0 / 0	2 / 0	2 / 0	0 / 0	29 / 29	15 / 15
Terminierung	6 / 6	0 / 0	0 / 0	6 / 6	0 / 0	0 / 0
Summe	6 / 6	2 / 0	2 / 0	6 / 6	29 / 29	15 / 15

4. Herleitung der analytischen Lösungen

Dieses Kapitel befaßt sich mit der Ausführung der Schritte 3 und 6 des Transformationsalgorithmus. Die in diesen Schritten zu lösenden Positions- und Orientierungsgleichungen haben im wesentlichen dieselbe Gestalt wie das allgemeine inverse kinematische Problem (2.2), mit dem Unterschied, daß statt eines sechsdimensionalen nichtlinearen Gleichungssystems zwei dreidimensionale nichtlineare Gleichungssysteme zu lösen sind; mit der Anzahl der Unbekannten reduziert sich auch der Lösungsaufwand für ein Gleichungssystem - und dies war ja der Hauptgrund für die Einführung eines zweistufigen Verfahrens gewesen. Wie bereits in Abschnitt 2.2.3 erwähnt, gibt es für die beiden dreidimensionalen Gleichungssysteme Lösungen in geschlossener Form /Pieper 68/; diese sind jedoch wegen der Verwendung algebraischer Polynome vierten Grades sehr aufwendig zu berechnen und bieten darüber hinaus keinen Einblick in die geometrische Gestalt des Problems.

Eine analytische Lösung mit algebraischen Polynomen zweiten Grades ist möglich, wenn man sich auf Roboter mit orthogonalen Haupt- und Nebenstrukturen beschränkt. Diese Einschränkung wirkt sich in der Praxis nicht nachteilig aus, da am Markt keine Roboter mit schiefwinkliger Struktur angeboten werden. Man könnte freilich einwenden, daß durch mechanisches Spiel in den Gelenken in der Wirklichkeit stets schiefwinklige Strukturen vorliegen. Dies trifft zwar zu, doch liegt der durch Gelenkspiel hervorgerufene Fehler in der Größenordnung anderer Fehler, die in dem hier verwendeten mathematischen Modell ebenfalls unberücksichtigt bleiben. Man muß sich z.B. stets vor Augen halten, daß die Modellierung der Roboterglieder als starre Körper mit genau einem Freiheitsgrad eine Idealisierung darstellt; in Wirklichkeit werden sich die Glieder je nach Last, Steifigkeit und Beschleunigung in komplizierter Weise verformen. Solche dynamischen Größen werden durch eine rein kinematische Betrachtungsweise nicht erfaßt. Aber auch bei einer Erweiterung des mathematischen Modells um Kräfte und Momente werden in der Praxis häufig Reibungs- oder Corioliskräfte vernachlässigt, um den Rechenaufwand in Grenzen zu halten. Man kann daher sagen, daß jedes Modell immer eine Idealisierung der Wirklichkeit ist, und man somit stets eine Lage- und/oder Kraftregelung benötigt. Hierbei wird der Regelkreis durch Sensoren geschlossen, die z.B. Lageabweichungen von einer gegebenen Bahn erkennen und der Bahnplanung melden. Mechanisches Gelenkspiel kann nun einfach als Teil jener

"Störgrößen" betrachtet werden, die beim Verfahren einer Bahn ausgeregelt werden müssen.

Die Beschränkung auf orthogonale Haupt- und Nebenstrukturen hat den großen Vorteil, daß sie die unendlich große Zahl möglicher kinematischer Strukturen auf eine endliche Menge kinematisch signifikant verschiedener Strukturen reduziert; damit ist ein auf Fallunterscheidung beruhendes Lösungsverfahren möglich. Im folgenden werden die einzelnen Fälle nach Haupt- und Nebenstrukturen getrennt angegeben; die Einteilung folgt dabei im wesentlichen der von Schopen entwickelten Systematik /Schopen 86/.

Bei Robotern mit orthogonalen Haupt- und Nebenstrukturen haben die Kreuzungswinkel α_1, α_2, α_4 und α_5 den Wert 0 oder $\pm\pi/2$; α_3 und α_6 können beliebige Werte annehmen. Anschaulich besagt dies, daß die Haupt- und Nebenstrukturen zwar in sich orthogonal sind, zueinander jedoch windschief sein dürfen, da ihre Gelenkvariablen ja unabhängig voneinander berechnet werden. Ebenso darf θ_3 beliebige Werte annehmen, falls die dritte Achse eine Schubachse ist.

4.1 Einteilung der Haupt- und Nebenstrukturen

Als *Grundstruktur* eines Roboters bezeichnen wir die für ihn charakteristische Reihenfolge von Dreh- und Schubachsen. Wenn wir Schubachsen mit dem Buchstaben T und Drehachsen mit dem Buchstaben R bezeichnen, dann erhalten wir acht mögliche Grundstrukturen für die Hauptachsen, wobei die Reihenfolge der Buchstaben der durch das Denavit-Hartenberg-Verfahren festgelegten Achsreihenfolge entsprechen soll:

TTT TTR TRT RTT TRR RTR RRT RRR

Bei den Nebenachsen ist nur die Grundstruktur RRR zulässig, da wir nach Voraussetzung keine Schubachsen in der Nebenstruktur zulassen.

Als *Achsstruktur* eines Roboters bezeichnen wir den charakteristischen räumlichen Aufbau seiner kinematischen Kette, d.h. in welcher Anordnung (parallel oder senkrecht) die Bewegungsachsen eines Roboters in der Grundstellung zueinander stehen. Um die Ausrichtung der Achsen relativ zum ersten Gelenkkoordinatensystem K_0 zu kennzeichnen, verwenden wir folgende Buchstaben:

U Achse parallel zu x_0
V Achse parallel zu y_0
W Achse parallel zu z_0

Die drei Hauptachsen können in fünf verschiedenen Achsstrukturen angeordnet werden:

WWW alle drei Achsen parallel zueinander
WWV erste und zweite Achse parallel zueinander, dritte senkrecht dazu
WVW erste und dritte Achse parallel zueinander, zweite senkrecht dazu
WVV zweite und dritte Achse parallel zueinander, erste senkrecht dazu
WVU alle drei Achsen senkrecht zueinander

Die erste Achse ist mit z_0 identisch; daher kommt nur der Buchstabe W in Frage. Ist die zweite Achse parallel zur ersten, so wird ihr ebenfalls der Buchstabe W zugeordnet; steht sie hingegen senkrecht auf der ersten, so kommen entweder V (für $\theta_1 = 0°$) oder U (für $\theta_1 = \pm 90°$) in Frage. Ist die erste Achse eine Drehachse, dann muß θ_1 in der Grundstellung Null sein; somit erhält die zweite Achse den Buchstaben V. Ist die erste Achse jedoch eine Schubachse, dann ist auch der Fall $\theta_1 = \pm 90°$ erlaubt, und die zweite Achse müßte mit dem Buchstaben U gekennzeichnet werden. Statt dessen drehen wir das Bezugskoordinatensystem K_0 (in dessen Wahl wir frei sind) durch eine Rotation um die z_0-Achse so, daß θ_1 gerade Null wird - und damit können wir auch in diesem Fall die zweite Achse durch den Buchstaben V kennzeichnen. Der Kennbuchstabe für die dritte Achse folgt dann eindeutig aus der Kennzeichnung der beiden ersten Achsen.

Diese Definition legt die möglichen Achsstrukturen in kanonischer Form fest. Die nicht aufgeführten Buchstabenkombinationen können durch Überführung der betreffenden Achsstruktur in die Grundstellung bzw. durch Neudefinition von K_0 stets auf eine kinematische äquivalente kanonische Form zurückgeführt werden; so ist beipielsweise die Achsstruktur WVU bei gleicher Grundstruktur kinematisch äquivalent zu den Achsstrukturen WUV, VWU, VUW, UWV und UVW.

Durch Angabe der Grundstruktur und der Achsstruktur - also durch Angabe der Bewegungsarten und der räumlichen Anordnung der Gelenkachsen - kann jede kinematische Kette in kinematisch signifikanter Weise charakterisiert werden. So kennzeichnet z.B. die Angabe (RRR, WVV) einen Roboter, dessen Hauptstruktur aus Drehachsen besteht, die so angeordnet sind, daß die zweite und dritte Achse ein paralleles Achspaar bilden, welches senkrecht zur ersten Achse verläuft ("anthropomorpher Roboter").

Zur Erleichterung der Schreibarbeit führen wir noch zusätzliche Kennbuchstaben ein, die sowohl Bewegungsart als auch räumliche Anordnung einer Achse angeben:

A Drehachse parallel zu x_0
B Drehachse parallel zu y_0
C Drehachse parallel zu z_0

X Schubachse parallel zu x_0
Y Schubachse parallel zu y_0
Z Schubachse parallel zu z_0

Damit können wir nun das obige Beispiel eines anthropomorphen Roboters durch die Buchstabenkombination CBB eindeutig kennzeichnen. Bei acht Grundstrukturen und fünf kanonischen Achsstrukturen erhalten wir insgesamt 40 mögliche Hauptstrukturen, die in der folgenden Tabelle zusammengefaßt sind:

	TTT	TTR	TRT	RTT	TRR	RTR	RRT	RRR
WWW	ZZZ	ZZC	ZCZ	CZZ	ZCC	CZC	CCZ	CCC
WWV	ZZY	ZZB	ZCY	CZY	ZCB	CZB	CCY	CCB
WVW	ZYZ	ZYC	ZBZ	CYZ	ZBC	CYC	CBZ	CBC
WVV	ZYY	ZYB	ZBY	CYY	ZBB	CYB	CBY	CBB
WVU	ZYX	ZYA	(ZBX)	CYX	(ZBA)	CYA	(CBX)	(CBA)

Von den 40 dargestellten Strukturen scheiden die vier eingeklammerten wieder aus, da sie sich nicht in kanonischer Form befinden (zweite Achse ist Drehachse und $\theta_2 = \pm 90°$ => Widerspruch zur Definition der Grundstellung). Die vier ausgeschiedenen Strukturen ZBX, ZBA, CBX und CBA sind kinematisch äquivalent zu den kanonischen Strukturen ZBZ, ZBC, CBZ und CBC, in die sie durch eine Vierteldrehung um die B-Achse überführt werden können.

Von den verbleibenden 36 Hauptstrukturen sind nur die 20 unterstrichenen kinematisch sinnvoll, da die anderen 16 die Position des Greifers nur in ein oder zwei Dimensionen des Gelenkkoordinatenraumes verändern können (*globale Degeneration*); so kann beispielsweise die Struktur CCC (drei parallele Drehachsen) den Greifer nur in der x_0y_0-Ebene bewegen /Schopen 86/. Diese 20 Hauptstrukturen sind in Bild 4.1 dargestellt; man erkennt darunter die in der Industrie weitverbreiteten Bauformen SCARA-Roboter (ZCC und CCZ), PUMA-Roboter (CBB) und kartesischer Roboter (ZYX). Die Positionsgleichungen für diese 20 Hauptstrukturen werden in Abschnitt 4.3 geometrisch gelöst.

Die Diskussion der Nebenstrukturen ist wesentlich einfacher als die der Hauptstrukturen, da wegen der Unzulässigkeit von Schubachsen nur die Grundstruktur RRR auftreten kann. Von den fünf möglichen Achsstrukturen kommen nur die Strukturen WVW und WVU in Frage, weil sich mit parallelen Drehachsen nur *ein* Orientierungsfreiheitsgrad realisiern läßt. Damit erhalten wir genau eine kinematisch sinnvolle Nebenstruktur mit der Kennung CBC (CBA kann durch eine Vierteldrehung um die B-Achse in CBC überführt werden). Zu beachten ist allerdings, daß die Kennbuchstaben hier die Ausrichtung der Nebenachsen bezüglich des Gelenkkoordinatensystems K_2 und nicht bezüglich K_0 angeben. Für die Nebenstruktur CBC werden die Orientierungsgleichungen in Abschnitt 4.4 gelöst.

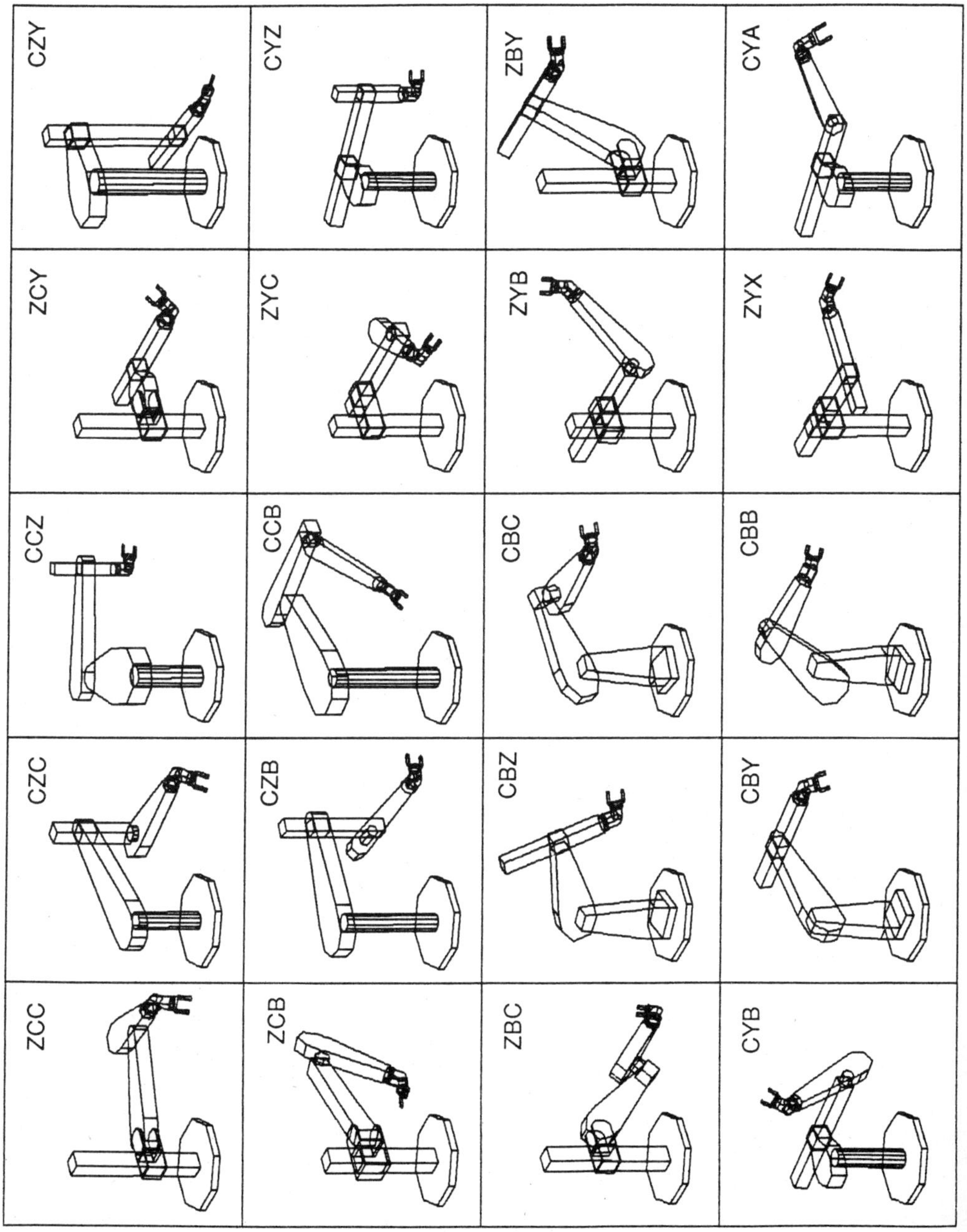

<u>Bild 4.1:</u> Einteilung orthogonaler Roboter nach der Hauptstruktur

4.2 Mehrdeutigkeiten

Eine vorgegebene Orientierung im Raum kann stets durch mindestens zwei verschiedene Orientierungsvektoren $[\phi, \chi, \psi]^T$ erreicht werden /Heiß 85/. Daraus folgt, daß ein sechsachsiger Roboter mit drei unabhängigen Orientierungsfreiheitsgraden alle erreichbaren Greiferstellungen auf mindestens zwei verschiedene Weisen einnehmen kann, sofern nicht mechanische Begrenzungen des Bewegungsumfangs dies verhindern. Wie in diesem Kapitel gezeigt wird, können orthogonale sechsachsige Roboter eine gegebene Greiferstellung $\underline{x}$ mit bis zu acht verschiedenen Gelenkkoordinatenvektoren $\underline{q}$ erreichen.

Als Beispiel sind in Bild 4.2 die Bewegungsmöglichkeiten eines anthropomorphen Roboters (Hauptstruktur CBB) dargestellt. In erster Näherung lassen sich die dargestellten Bewegungsmöglichkeiten geometrisch als Kombinationen zweiwertiger Alternativen deuten: "linke oder rechte Schulter", "Ellenbogen oberhalb oder unterhalb der Hand", "Links- oder Rechtshänder". Bei komplex gebauten Robotern (viele a und d ungleich Null) verlieren diese Analogien jedoch ihren Sinn, da sich bei solchen Robotern anthropomorphe Begriffe wie "Unterarm" und "Oberarm" nicht mehr einzelnen Gliedern zuordnen lassen.

Im mathematischen Modell dienen Indikatoren $k_i \in [+1, -1]$, $i = 1 .. 3$, zur Auswahl des positiven oder negativen Astes einer Wurzelfunktion. Der Indikator k_3 tritt in der Nebenstruktur auf, während die Indikatoren k_1 und k_2 Alternativstellungen der Hauptstruktur festlegen. Dem Benutzer bieten die Indikatoren die Möglichkeit, aus bis zu acht alternativen Gelenkstellungen eine im Sinne der Aufgabenstellung optimale auszuwählen. Diese Möglichkeit ist vergleichbar mit der Einstellung der Rundungsart bei Arithmetikprozessoren; auch hier muß aus mehreren Optionen eine ausgewählt werden, die je nach Anwendungsfall (skalare Arithmetik, Intervallarithmetik) verschieden sein wird.

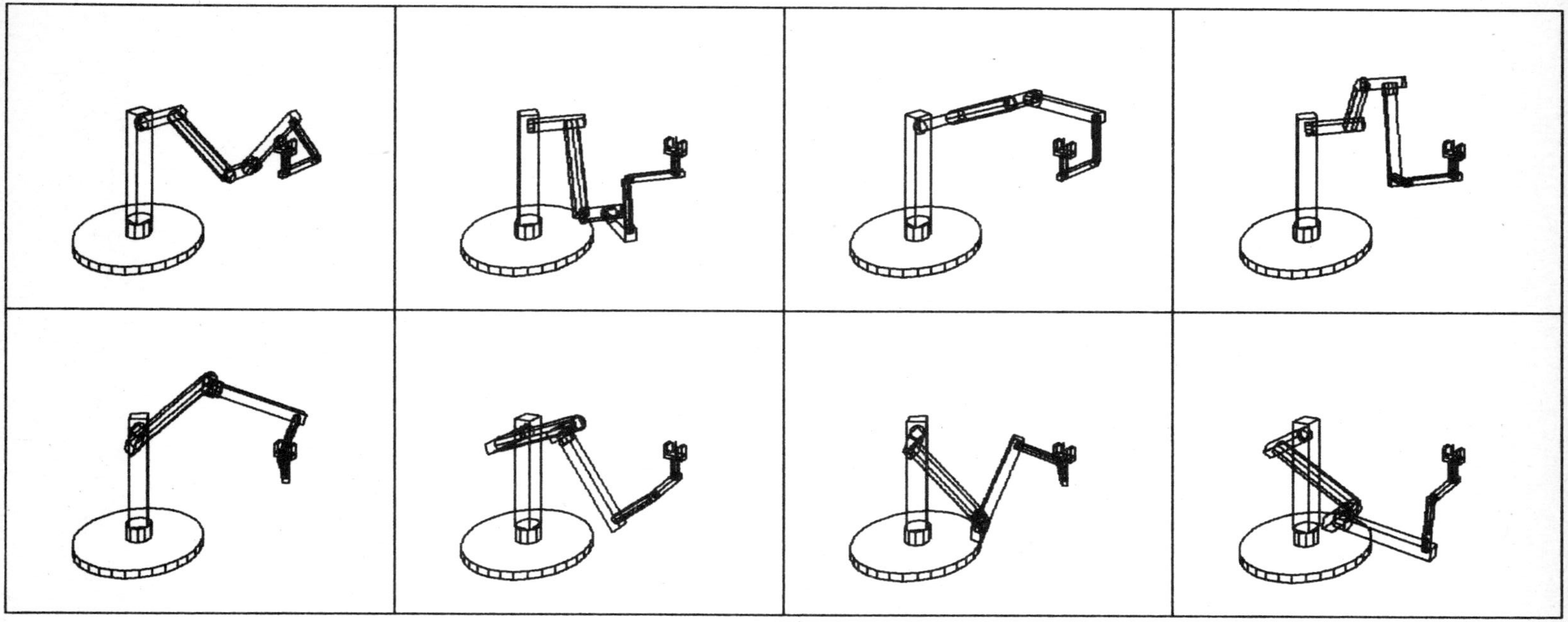

Bild 4.2: Alternativstellungen eines anthropomorphen Roboters

4.3 Bestimmung der Positionsvariablen mit Hilfe der Trigonometrie

In diesem Abschnitt werden die Positionsvariablen q_1, q_2, q_3 aus der in den Vektoren $\underline{p}'$ und $\underline{r}'$ enthaltenen translatorischen Information bestimmt (Schritt 3 des Transformationsalgorithmus). Hierzu wird jede der 20 kinematisch sinnvollen Hauptstrukturen einzeln betrachtet. Bis auf einen Fall (CBC - in 4.3.4.5 gesondert behandelt) werden alle a- und d-Parameter ungleich Null angenommen. Die d-Parameter können positiv oder negativ sein, die a-Parameter hingegen haben positives Vorzeichen, da das Denavit-Hartenberg-Verfahren die x_i-Achse stets in Richtung der Normalen von der z_{i-1}- zur z_i-Achse zeigen läßt, niemals jedoch in Gegenrichtung (siehe Bild 2.2).

Bei der Diskussion der jeweiligen Hauptstruktur wird die betreffende kinematische Kette in zwei ebenen Projektionen gezeigt, die zusammen den räumlichen Aufbau der Kette eindeutig festlegen. Anschließend werden mit Hilfe trigonometrischer Sätze Formeln für die Positionsvariablen hergeleitet. Es seien a, b, c die Seiten eines Dreiecks und α, β, γ die ihnen gegenüberliegenden Winkel. Dann gelten die Beziehungen

$$c^2 = a^2 + b^2 \quad \text{für } \gamma = 90° \qquad \text{(Satz des Pythagoras)}$$
$$c^2 = a^2 + b^2 - 2ab\cos\gamma \qquad \text{(Cosinussatz)}$$
$$\left.\begin{aligned}\sin(\alpha \pm \beta) &= \sin\alpha\cos\beta \pm \cos\alpha\sin\beta\\ \cos(\alpha \pm \beta) &= \cos\alpha\cos\beta \mp \sin\alpha\sin\beta\end{aligned}\right\} \text{(Additionstheoreme)}$$

Anhand der hergeleiteten Formeln werden mögliche Singularitäten diskutiert. Es folgt eine Kostenanalyse, die den Rechenaufwand nach Additionen, Multiplikationen, Divisionen und Wurzeloperationen aufschlüsselt; die angegebenen Zahlen berücksichtigen mehrfach auftretende Teilausdrücke sowie andere nicht immer auf den ersten Blick erkennbare Vereinfachungen. Beispiel:

$$p = (x^2 + y^2)^{\frac{1}{2}} \qquad \sin\alpha = y/p \qquad \cos\alpha = x/p \qquad \sin\beta = d/p \qquad \cos\beta = w/p$$
$$\sin\theta = \sin(\alpha + \beta) = \sin\alpha\cos\beta + \cos\alpha\sin\beta$$
$$\cos\theta = \cos(\alpha + \beta) = \cos\alpha\cos\beta - \sin\alpha\sin\beta$$

Die Berechnung von $\sin\theta$ und $\cos\theta$ kostet somit 1 Wurzeloperation, 4 Divisionen, 6 Multiplikationen und 3 Additionen; das Beispiel läßt sich aber noch vereinfachen:

$$p^2 = x^2 + y^2 \qquad r = 1/p^2 \qquad \sin\theta = (yw + xd)\, r \qquad \cos\theta = (xw - yd)\, r$$

Der Rechenaufwand nach der Umformung besteht nur noch aus 1 Division, 8 Multiplikationen und 3 Additionen. Die Wurzel kann wegfallen, da bei der Bildung der Additionstheoreme nur p^2 benötigt wird. Die Zahl der Divisionen wird auf 1 erniedrigt, wenn man statt zu teilen mit dem Kehrwert malnimmt.

Diesen Optimierungen liegt eine Rangfolge zugrunde, in der die arithmetischen Operationen nach dem für ihre Ausführung erforderlichen Rechenaufwand eingestuft werden:

(1) trigonometrische Funktionen (sin, cos, arctan)
(2) Wurzeloperationen
(3) Divisionen
(4) Multiplikationen, Additionen

Operationen der Kategorie (1) erfordern den höchsten, Operationen der Kategorie (4) den niedrigsten Rechenaufwand innerhalb dieser Aufzählung. Die Einstufung kann natürlich je nach der Rechnerarchitektur, auf der der Transformationsalgorithmus implementiert ist, anders aussehen; so können z.B. die trigonometrischen Funktionen statt durch rationale Polynome auch durch vorher berechnete Wertetabellen approximiert werden, sofern die Anforderungen an die Genauigkeit nicht allzu hoch sind. Die obige Rangfolge gilt jedoch bei den gängigen Arithmetikprozessoren wie auch bei dem Vektorprozessor, der in Kapitel 5 näher betrachtet wird; daher werden die Lösungsformeln für die Gelenkvariablen entsprechend dieser Rangfolge umgeformt, und der angegebene Rechenaufwand bezieht sich jeweils auf die derart *optimierten* Formeln. Die Lösungsformeln selbst werden allerdings in *originaler* Form dargestellt (entsprechend der ersten Fassung des obigen Beispiels), um die geometrischen Beziehungen besser zu verdeutlichen.

Eine weitere Vereinfachung in diesem Kapitel ist schreibtechnischer Art. Die Achsen des Gelenkkoordinatensystems K_{3V}, bezüglich dessen die Komponenten von $\underline{r}'$ definiert sind (siehe Abschnitt 3.3.2), werden wie folgt umbenannt:

$$x_{3v} \mathrel{\hat{=}} u \qquad y_{3v} \mathrel{\hat{=}} v \qquad z_{3v} \mathrel{\hat{=}} w$$

Damit können wir $\underline{r}'$ wie folgt schreiben:

$$\underline{r}' = \begin{bmatrix} {}^{3v}r'_x \\ {}^{3v}r'_y \\ {}^{3v}r'_z \\ 1 \end{bmatrix} = \begin{bmatrix} r'_u \\ r'_v \\ r'_w \\ 1 \end{bmatrix}$$

Zur Kennzeichnung der Lage von Schub- und Drehachsen in den Projektionsebenen benutzen wir folgende Symbole:

	Drehachse	Schubachse
Achse zeigt aus der Zeichenebene heraus	⊙	⊡
Achse zeigt in die Zeichenebene hinein	⊗	⊠
Achse liegt windschief zur Zeichenebene	○	□
Achse liegt in der Zeichenebene		

Der Richtungssinn einer Achse entspricht bei orthogonalen Strukturen gerade dem Vorzeichen des jeweiligen Kreuzungswinkels. Die Vorzeichen der Kreuzungswinkel gehen in die Lösungsformeln dieses Kapitels als signum-Funktionen ein:

$$\operatorname{sgn}\alpha = \begin{cases} +1 & \text{falls } \alpha > 0 \\ 0 & \text{falls } \alpha = 0 \\ -1 & \text{falls } \alpha < 0 \end{cases}$$

4.3.1 Parallele Drehachsen

Parallele Drehachsen kommen in den Hauptstrukturen ZCC, CZC, CCZ, CCB und CBB vor; diese Konfiguration soll hier gesondert betrachtet werden, zumal sie ein Beispiel für geometrische Mehrdeutigkeit bietet. In den Bildern 4.3a und 4.3b sind die beiden möglichen Stellungen einer parallelen Drehachsen-konfiguration mit den Positionsvariablen θ_2 und θ_3 dargestellt (die Indices können je nach Hauptstruktur auch 1 und 2 oder 1 und 3 sein). Die dicken Linien entsprechen den *physischen* Robotergliedern (in der Abstraktion des mathematischen Modells), die dünnen Linien sind (gedachte) *Hilfslinien*. Bei den Darstellungen handelt es sich um Projektionen in die x_1y_1-Ebene; deshalb sind die d-Parameter - die ja Verschiebungen entlang den z-Achsen angeben - nicht sichtbar.

Die beiden Stellungen sind durch eine spiegelsymmetrische Anordnung des Dreiecks mit den Seiten p, r und a_2 zur Seite p gekennzeichnet; man beachte jedoch, daß sich die Stellungen im allgemeinen (r_v' ungleich Null) nicht durch Spiegelung ineinander überführen lassen. Die Winkel α, β, γ und δ haben in beiden Stellungen dieselben Beträge. In Bild 4.3a ist β positiv und δ negativ, in Bild 4.3b ist β negativ und δ positiv; α und γ wechseln das Vorzeichen nicht. Es gilt nun für die beiden Positionsvariablen

$$\theta_2 = \alpha + \beta \qquad\qquad \theta_3 = \gamma + \delta$$

Wir stellen die Bestimmungsgleichungen für α, β, γ und δ auf und berechnen daraus die Positionsvariablen in Sinus-/Cosinus-Form:

$$p = (p_x'^2 + p_y'^2)^{\frac{1}{2}} \qquad\qquad r = (r_u'^2 + r_v'^2)^{\frac{1}{2}}$$

$$\sin\alpha = p_y'/p \quad \cos\alpha = p_x'/p \qquad\qquad \sin\gamma = -r_v'/r \quad \cos\gamma = r_u'/r$$

$$r^2 = a_2^2 + p^2 - 2\, a_2\, p \cos\beta \qquad\qquad p^2 = a_2^2 + r^2 - 2\, a_2\, r \cos\delta'$$

$$\cos\beta = (a_2^2 + p^2 - r^2) \,/\, (2\, a_2\, p) \qquad\qquad \cos\delta' = (a_2^2 + r^2 - p^2) \,/\, (2\, a_2\, r)$$

$$\cos\delta = \cos(\pi - \delta') = -\cos\delta'$$

$$= (-a_2^2 + p^2 - r^2) \,/\, (2\, a_2\, r)$$

$$\sin\beta = -k\, (1 - \cos^2\beta)^{\frac{1}{2}} \qquad\qquad \sin\delta = +k\, (1 - \cos^2\delta)^{\frac{1}{2}}$$

$$\sin\theta_2 = \sin\alpha \cos\beta + \cos\alpha \sin\beta \qquad\qquad \sin\theta_3 = \sin\gamma \cos\delta + \cos\gamma \sin\delta$$

$$\cos\theta_3 = \cos\alpha \cos\beta - \sin\alpha \sin\beta \qquad\qquad \cos\theta_3 = \cos\gamma \cos\delta - \sin\gamma \sin\delta$$

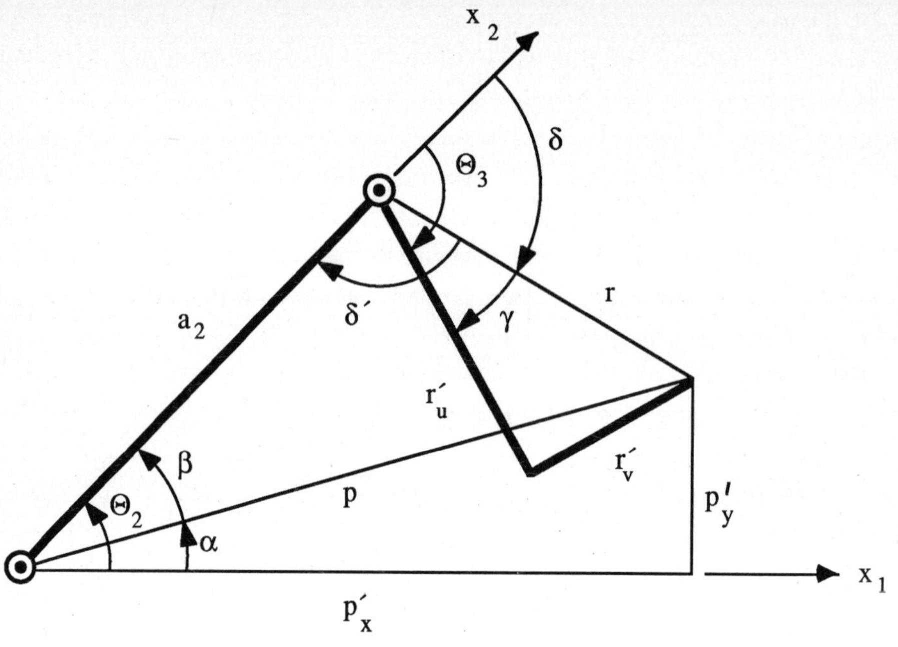

Bild 4.3a: Paralleles Drehachsenpaar mit Ellbogen "oberhalb" von p

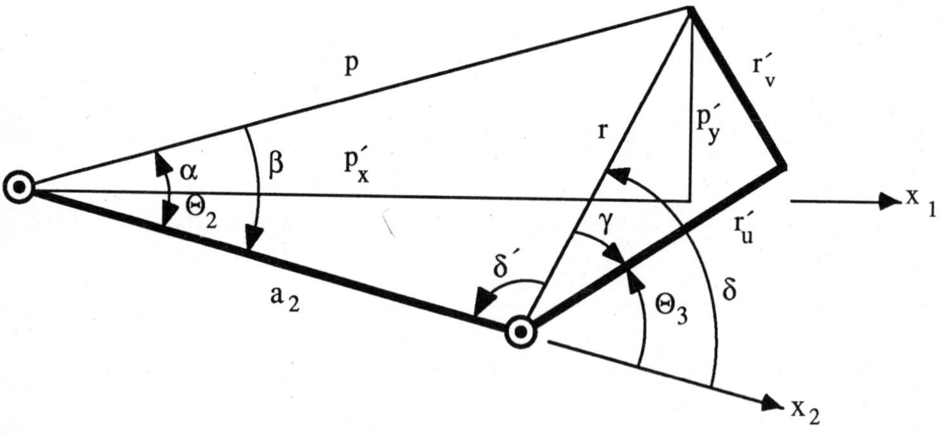

Bild 4.3b: Paralleles Drehachsenpaar mit Ellbogen "unterhalb" von p

Der vom Anwender vorgegebene Faktor $k \in [-1, +1]$ wählt eine der beiden möglichen Stellungen aus; $k = -1$ entspricht der Stellung in Bild 4.3a, $k = +1$ entspricht der Stellung in Bild 4.3b.

Zum Zwecke der Laufzeitoptimierung modifizieren wir die obigen Gleichungen so, daß möglichst wenige der (relativ) kostspieligen Operationen "Wurzelziehen" und "Teilen" vorkommen. Wir machen uns dabei den Umstand zunutze, daß wir an einer expliziten Darstellung der Hilfsgrößen nicht interessiert sind.

$$p^2 = p_x'^2 + p_y'^2 \qquad r^2 = r_u'^2 + r_v'^2$$

$$c_2 = p \cos\beta = (a_2^2+p^2-r^2) \; / \; (2a_2) \qquad c_3 = p \cos\delta = (-a_2^2+p^2-r^2) \; / \; (2a_2)$$

$$s_2 = p \sin\beta = -k \; (p^2 - (p \cos\beta)^2)^{\frac{1}{2}} \qquad s_3 = p \sin\delta = +k \; (p^2 - (p \cos\delta)^2)^{\frac{1}{2}}$$

$$\sin\theta_2 = (p \sin\alpha \; p \cos\beta + p \cos\alpha \; p \sin\beta) \; / \; p^2$$

$$= (p_y' \, c_2 + p_x' \, s_2) \; / \; p^2 \qquad \sin\theta_3 = (-r_v' \, c_3 + r_u' \, s_3) \; / \; p^2$$

$$\cos\theta_2 = (p_x' \, c_2 - p_y' \, s_2) \; / \; p^2 \qquad \cos\theta_3 = (r_u' \, c_3 + r_v' \, s_3) \; / \; p^2$$

Die Bestimmung von θ_2 und θ_3 in Sinus-/Cosinus-Form erfordert also 2 Wurzeloperationen, 1 Division, 22 Multiplikationen und 11 Additionen. Als Division zählen wir die Bildung des Kehrwerts von p^2, *nicht jedoch* die Bildung des Kehrwerts von $2a_2$, weil a_2 ein konstanter Parameter ist und $1/(2a_2)$ somit nur einmal vor Beginn der Transformation berechnet werden muß. Aus dem gleichen Grund zählt auch die Quadrierung von a_2 nicht als Multiplikation. Schließlich berücksichtigen wir noch, daß der Term $p^2 - r^2$ zweimal vorkommt und somit eine Addition eingespart werden kann.

Arithmetische Optimierungen dieser Art sind bei allen geometrischen Herleitungen in diesem Kapitel möglich. Bei der *Darstellung* der Lösungsformeln verzichten wir allerdings auf diese Optimierungen, um den Bezug zwischen Formel und Geometrie hervorzuheben. Der *Kostenanalyse* hingegen liegen die optimierten Lösungsformeln zugrunde.

4.3.2 Achsstruktur WWW

Die Achsstruktur WWW, bei der alle drei Achsen zueinander parallel sind, umfaßt die Hauptstrukturen ZCC, CZC und CCZ. Da parallele Schub- und Drehachsen in der Reihenfolge vertauscht werden können, haben ZCC, CZC und CCZ dieselbe *kinematische* Struktur ("SCARA-Roboter"). Die Lage der Schubachse Z hat jedoch *konstruktive* Bedeutung; daher sollen die drei WWW-Strukturen einzeln betrachtet werden.

4.3.2.1 Hauptstruktur ZCC

Konstante Winkel: $\alpha_1 = 0,\ \alpha_2 = 0,\ \theta_1 = 0$

Gelenkvariablen : $d_1,\ \theta_2,\ \theta_3$

Lösungsformeln

$$d_1 = p'_z - r'_w - d_2$$

$p = ((p'_x - a_1)^2 + p'^2_y)^{\frac{1}{2}}$	$r = (r'^2_u + r'^2_v)^{\frac{1}{2}}$
$\sin\alpha = p'_y/p \qquad \cos\alpha = (p'_x - a_1)/p$	$\sin\gamma = -r'_v/r \qquad \cos\gamma = r'_u/r$
$\cos\beta = (a_2^2 + p^2 - r^2)\ /\ (2\ a_2\ p)$	$\cos\delta = (-a_2^2 + p^2 - r^2)\ /\ (2\ a_2\ r)$
$\sin\beta = -k\ (1 - \cos^2\beta)^{\frac{1}{2}}$	$\sin\delta = +k\ (1 - \cos^2\delta)^{\frac{1}{2}}$
$\sin\theta_2 = \sin\alpha\ \cos\beta + \cos\alpha\ \sin\beta$	$\sin\theta_3 = \sin\gamma\ \cos\delta + \cos\gamma\ \sin\delta$
$\cos\theta_2 = \cos\alpha\ \cos\beta - \sin\alpha\ \sin\beta$	$\cos\theta_3 = \cos\gamma\ \cos\delta - \sin\gamma\ \sin\delta$

Singularitäten

$a_2 = 0$	=>	degenerierte Struktur
$p = 0$	=>	reduzierte Stellung (θ_2 frei wählbar)
$r = 0$	=>	reduzierte Stellung (θ_3 frei wählbar)
$p > a_2 + r$	=>	unerreichbare Stellung
$p < \|a_2 - r\|$	=>	unerreichbare Stellung

Alternativstellungen

$k = +1$	=>	$-\pi \le \beta \le 0 \le \delta \le \pi$
$k = -1$	=>	$-\pi \le \delta \le 0 \le \beta \le \pi$

Kosten

2 Wurzeloperationen, 2 Divisionen, 22 Multiplikationen, 14 Additionen

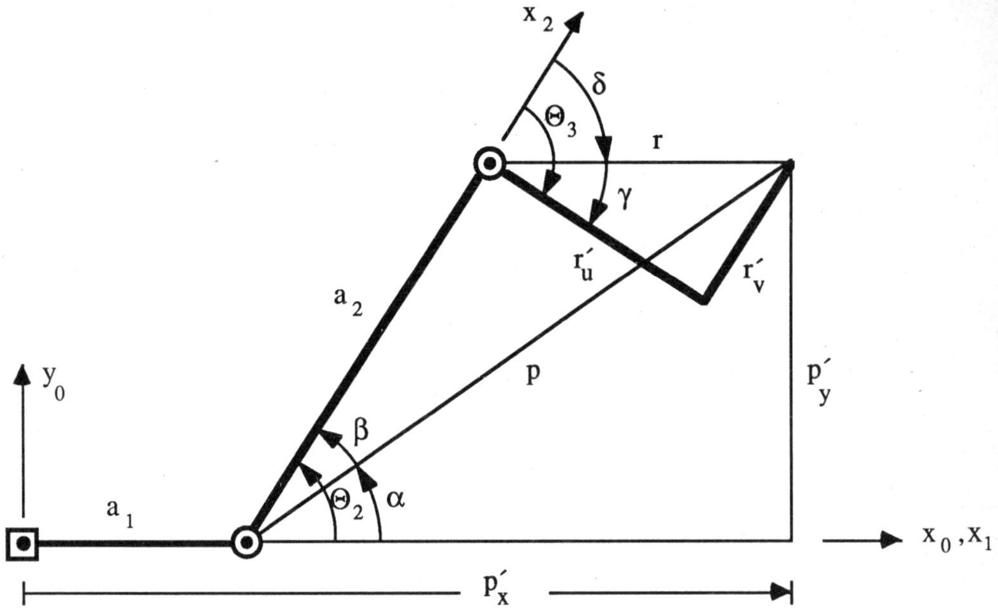

Bild 4.4a: Projektion von ZCC in die x_0y_0-Ebene

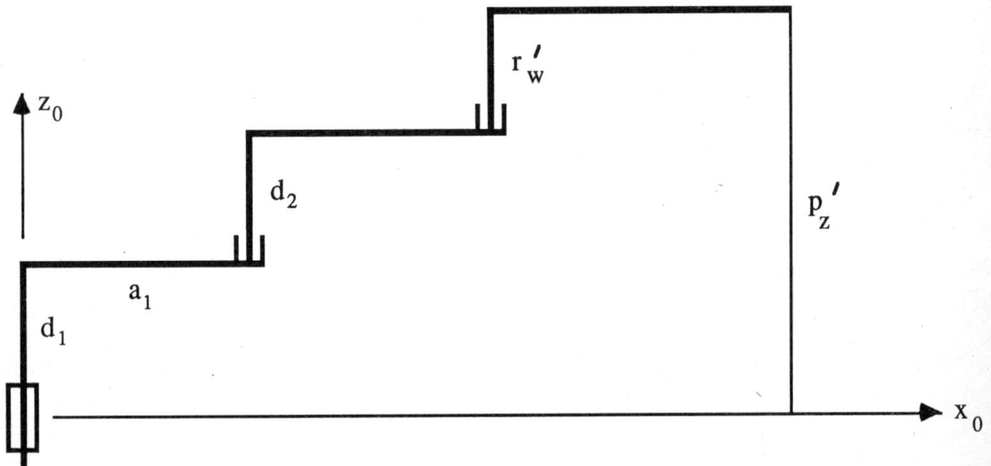

Bild 4.4b: Projektion von ZCC in die x_0z_0-Ebene

4.3.2.2 Hauptstruktur CZC

Konstante Winkel: $\alpha_1 = 0$, $\alpha_2 = 0$, $\theta_2 = 0$

Gelenkvariablen : θ_1, d_2, θ_3

Lösungsformeln

$$d_2 = p'_z - r'_w - d_1$$

$$a = a_1 + a_2$$

$p = (p'^2_x + p'^2_y)^{\frac{1}{2}}$

$\sin\alpha = p'_y/p \qquad \cos\alpha = p'_x/p$

$\cos\beta = (a^2 + p^2 - r^2) \;/\; (2\;a\;p)$

$\sin\beta = -k\;(1 - \cos^2\beta)^{\frac{1}{2}}$

$\sin\theta_1 = \sin\alpha\;\cos\beta + \cos\alpha\;\sin\beta$

$\cos\theta_1 = \cos\alpha\;\cos\beta - \sin\alpha\;\sin\beta$

$r = (r'^2_u + r'^2_v)^{\frac{1}{2}}$

$\sin\gamma = -r'_v/r \qquad \cos\gamma = r'_u/r$

$\cos\delta = (-a^2 + p^2 - r^2) \;/\; (2\;a\;r)$

$\sin\delta = +k\;(1 - \cos^2\delta)^{\frac{1}{2}}$

$\sin\theta_3 = \sin\gamma\;\cos\delta + \cos\gamma\;\sin\delta$

$\cos\theta_3 = \cos\gamma\;\cos\delta - \sin\gamma\;\sin\delta$

Singularitäten

$a = 0$	=>	degenerierte Struktur
$p = 0$	=>	reduzierte Stellung (θ_1 frei wählbar)
$r = 0$	=>	reduzierte Stellung (θ_3 frei wählbar)
$p > a + r$	=>	unerreichbare Stellung
$p < \lvert a - r \rvert$	=>	unerreichbare Stellung

Alternativstellungen

$k = +1$	=>	$-\pi \le \beta \le 0 \le \delta \le \pi$
$k = -1$	=>	$-\pi \le \delta \le 0 \le \beta \le \pi$

Kosten

2 Wurzeloperationen, 2 Divisionen, 22 Multiplikationen, 13 Additionen

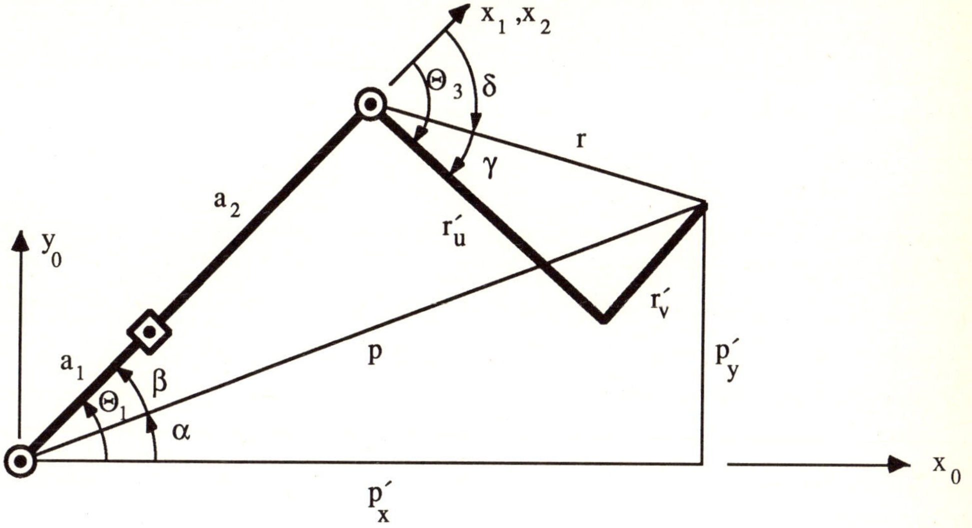

Bild 4.5a: Projektion von CZC in die x_0y_0-Ebene

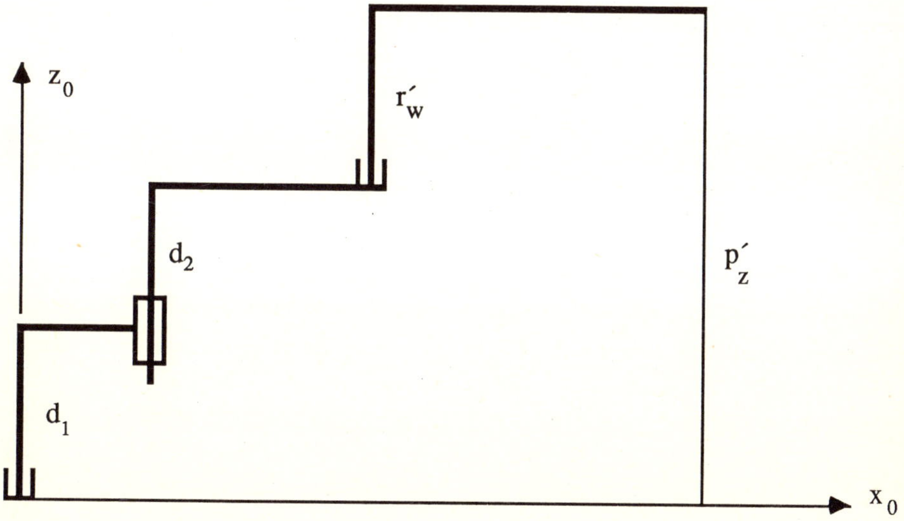

Bild 4.5b: Projektion von CZC in die x_0z_0-Ebene

4.3.2.3 Hauptstruktur CCZ

Konstante Winkel: $\alpha_1 = 0$, $\alpha_2 = 0$

Gelenkvariablen : θ_1, θ_2, d_3

Lösungsformeln

$$d_3 = p'_z - r'_w - (d_1 + d_2)$$

$$p = (p'^2_x + p'^2_y)^{\frac{1}{2}} \qquad r = ((r'_u + a_2)^2 + r'^2_v)^{\frac{1}{2}}$$

$$\sin\alpha = p'_y/p \quad \cos\alpha = p'_x/p \qquad \sin\gamma = -r'_v/r \quad \cos\gamma = (r'_u + a_2)/r$$

$$\cos\beta = (a_1^2 + p^2 - r^2) \,/\, (2\ a_1\ p) \qquad \cos\delta = (-a_1^2 + p^2 - r^2) \,/\, (2\ a_1\ r)$$

$$\sin\beta = -k\ (1 - \cos^2\beta)^{\frac{1}{2}} \qquad \sin\delta = +k\ (1 - \cos^2\delta)^{\frac{1}{2}}$$

$$\sin\theta_1 = \sin\alpha\ \cos\beta + \cos\alpha\ \sin\beta \qquad \sin\theta_2 = \sin\gamma\ \cos\delta + \cos\gamma\ \sin\delta$$

$$\cos\theta_1 = \cos\alpha\ \cos\beta - \sin\alpha\ \sin\beta \qquad \cos\theta_2 = \cos\gamma\ \cos\delta - \sin\gamma\ \sin\delta$$

Singularitäten

$a_1 = 0$	=>	degenerierte Struktur
$p = 0$	=>	reduzierte Stellung (θ_1 frei wählbar)
$r = 0$	=>	reduzierte Stellung (θ_2 frei wählbar)
$p > a_1 + r$	=>	unerreichbare Stellung
$p < \|a_1 - r\|$	=>	unerreichbare Stellung

Alternativstellungen

$k = +1$	=>	$-\pi \le \beta \le 0 \le \delta \le \pi$
$k = -1$	=>	$-\pi \le \delta \le 0 \le \beta \le \pi$

Kosten

2 Wurzeloperationen, 2 Divisionen, 22 Multiplikationen, 14 Additionen

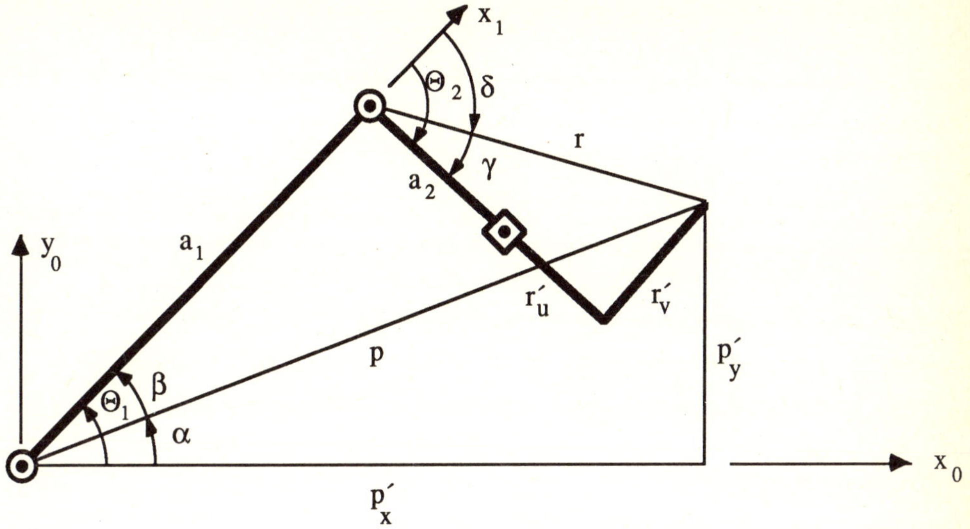

Bild 4.6a: Projektion von CCZ in die x_0y_0-Ebene

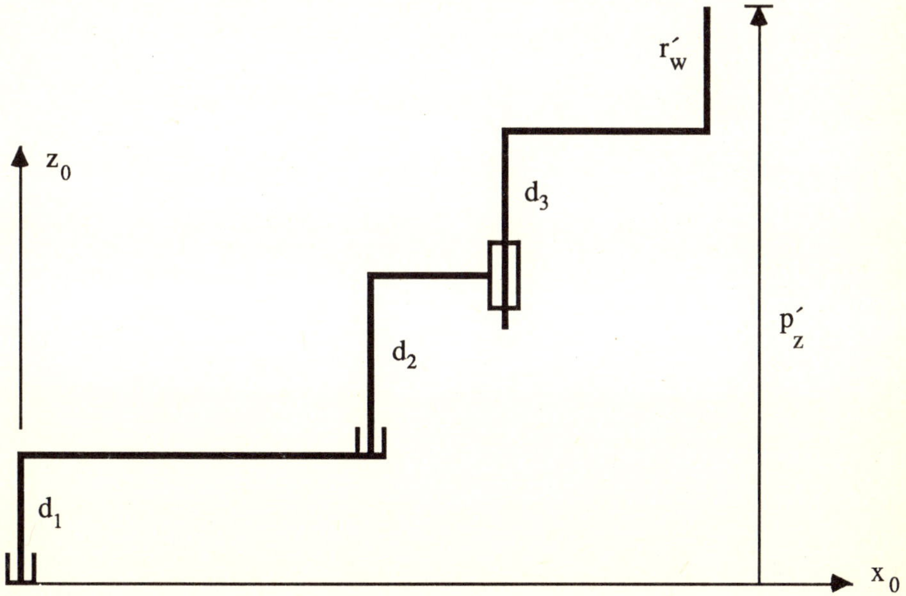

Bild 4.6b: Projektion von CCZ in die x_0z_0-Ebene

4.3.3 Achsstruktur WWV

4.3.3.1 Hauptstruktur ZCY

Konstante Winkel: $\alpha_1 = 0,\ \alpha_2 = \pm\pi/2,\ \theta_1 = 0$

Gelenkvariablen : $d_1,\ \theta_2,\ d_3$

Lösungsformeln

$$d_1 = p'_z - d_2 - \mathrm{sgn}\alpha_2\, r'_v$$
$$p = ((p'_x - a_1)^2 + p'^2_y)^{\frac{1}{2}}$$
$$a = a_2 + r'_u$$
$$d_3 = k\ (p^2 - a^2)^{\frac{1}{2}} - r'_w$$

$\sin\alpha = p'_y\ /\ p$ $\qquad$ $\sin\beta = \mathrm{sgn}\alpha_2\ (d_3 + r'_w)\ /\ p$

$\cos\alpha = (p'_x - a_1)\ /\ p$ $\qquad$ $\cos\beta = a\ /\ p$

$$\sin\theta_2 = \sin\alpha\ \cos\beta + \cos\alpha\ \sin\beta$$
$$\cos\theta_2 = \cos\alpha\ \cos\beta - \sin\alpha\ \sin\beta$$

Singularitäten

$p = 0$ => reduzierte Stellung (θ_2 frei wählbar)

$p < |a|$ => unerreichbare Stellung

Alternativstellungen

$\mathrm{sgn}\alpha_2\ k = +1$ => $0 \le \beta \le \pi$

$\mathrm{sgn}\alpha_2\ k = -1$ => $-\pi \le \beta \le 0$

Kosten

1 Wurzeloperation, 1 Division, 12 Multiplikationen, 9 Additionen

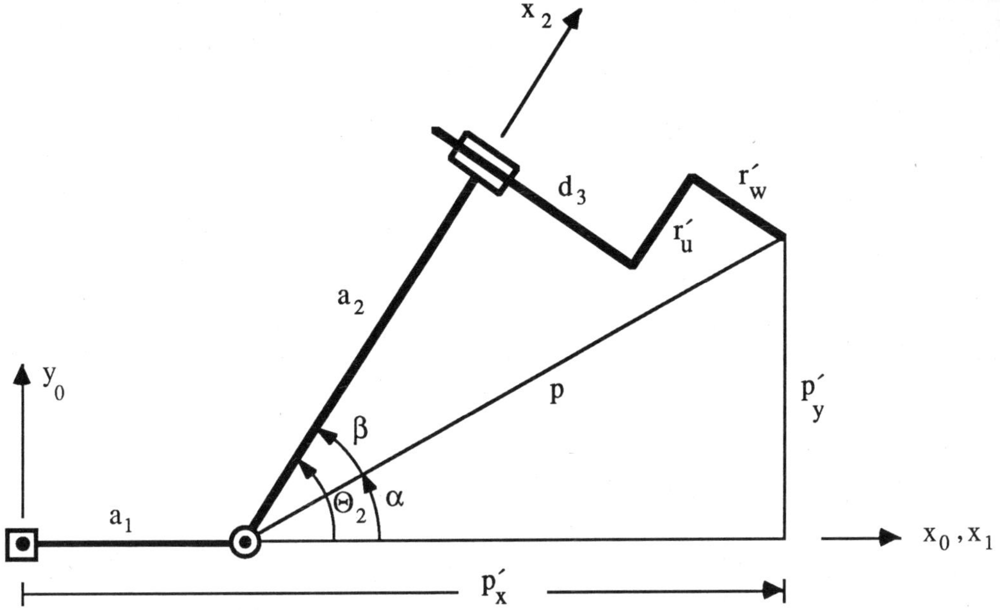

Bild 4.7a: Projektion von ZCY in die x_0y_0-Ebene

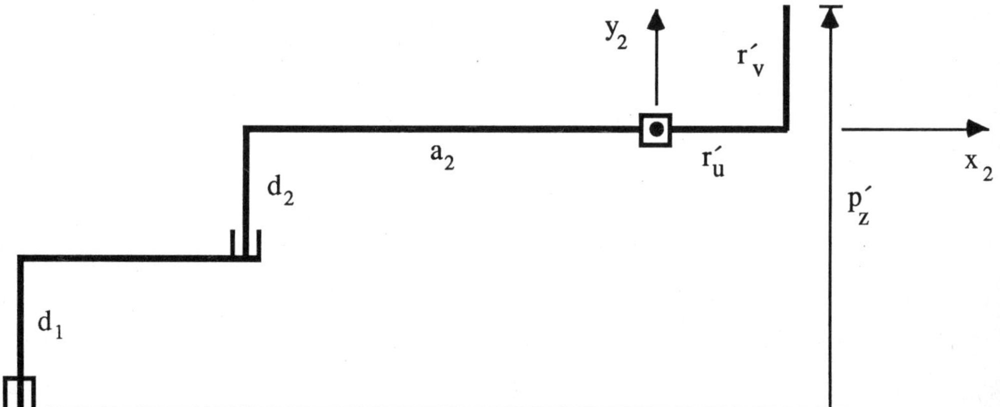

Bild 4.7b: Projektion von ZCY in die x_2y_2-Ebene

4.3.3.2 Hauptstruktur CZY

Konstante Winkel: $\alpha_1 = 0$, $\alpha_2 = \pm\pi/2$, $\theta_2 = 0$

Gelenkvariablen : θ_1, d_2, d_3

Lösungsformeln

$$d_2 = p'_z - d_1 - r'_v \, \mathrm{sgn}\alpha_2$$

$$p = (p'^2_x + p'^2_y)^{\frac{1}{2}}$$

$$a = a_1 + a_2 + r'_u$$

$$d_3 = k\,(p^2 - a^2)^{\frac{1}{2}} - r'_w$$

$$\sin\alpha = p'_y / p \qquad \sin\beta = \mathrm{sgn}\alpha_2\,(d_3 + r'_w) / p$$

$$\cos\alpha = p'_x / p \qquad \cos\beta = a / p$$

$$\sin\theta_1 = \sin\alpha\,\cos\beta + \cos\alpha\,\sin\beta$$

$$\cos\theta_1 = \cos\alpha\,\cos\beta - \sin\alpha\,\sin\beta$$

Singularitäten

$p = 0$ => reduzierte Stellung (θ_1 frei wählbar)

$p < |a|$ => unerreichbare Stellung

Alternativstellungen

$\mathrm{sgn}\alpha_2\, k = +1$ => $0 \le \beta \le \pi$

$\mathrm{sgn}\alpha_2\, k = -1$ => $-\pi \le \beta \le 0$

Kosten

1 Wurzeloperation, 1 Division, 12 Multiplikationen, 8 Additionen

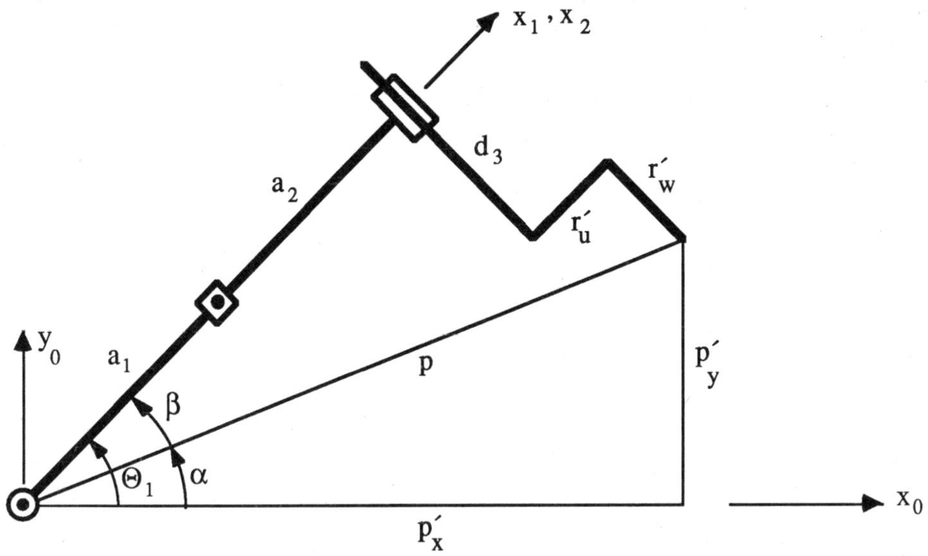

Bild 4.8a: Projektion von CZY in die x_0y_0-Ebene

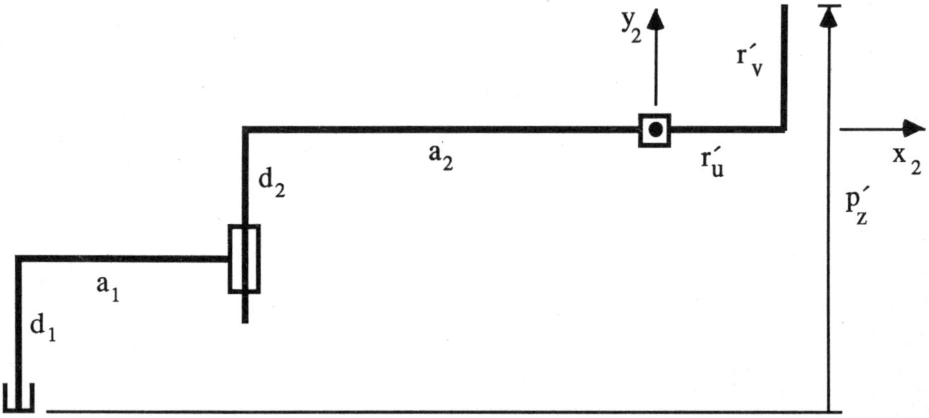

Bild 4.8b: Projektion von CZY in die x_2y_2-Ebene

4.3.3.3 Hauptstruktur ZCB

Konstante Winkel: $\alpha_1 = 0,\ \alpha_2 = \pm\pi/2,\ \theta_1 = 0$

Gelenkvariablen : $d_1,\ \theta_2,\ \theta_3$

Lösungsformeln

$p = ((p'_x - a_1)^2 + p'^2_y)^{\frac{1}{2}}$ $\qquad$ $r = (r'^2_u + r'^2_v)^{\frac{1}{2}}$

$$l = k_1\ (p^2 - r'^2_w)^{\frac{1}{2}} - a_2$$

$\cos\alpha = (p'_x - a_1)\ /\ p$ $\qquad$ $\cos\gamma = l\ /\ r$

$\sin\alpha = p'_y\ /\ p$ $\qquad$ $\sin\gamma = k_2\ (1 - \cos^2\gamma)^{\frac{1}{2}}$

$\sin\beta = \mathrm{sgn}\alpha_2\ r'_w\ /\ p$ $\qquad$ $\sin\delta = -r'_v\ /\ r$

$\cos\beta = (l + a_2)\ /\ p$ $\qquad$ $\cos\delta = r'_u\ /\ r$

$\sin\theta_2 = \sin\alpha\ \cos\beta + \cos\alpha\ \sin\beta$ $\qquad$ $\sin\theta_3 = \sin\gamma\ \cos\delta + \cos\gamma\ \sin\delta$

$\cos\theta_2 = \cos\alpha\ \cos\beta - \sin\alpha\ \sin\beta$ $\qquad$ $\cos\theta_3 = \cos\gamma\ \cos\delta - \sin\gamma\ \sin\delta$

$$d_1 = p'_z - d_2 - \mathrm{sgn}\alpha_2\ r\ \sin\gamma$$

Singularitäten

$p = 0$ => reduzierte Stellung (θ_2 frei wählbar)

$r = 0$ => reduzierte Stellung (θ_3 frei wählbar)

$p < |r'_w|$ => unerreichbare Stellung

$r < |l|$ => unerreichbare Stellung

Alternativstellungen

$k_1 = +1,\ k_2 = +1$ => $|\beta| \le \pi/2,\quad 0 \le \gamma \le \pi$

$k_1 = +1,\ k_2 = -1$ => $|\beta| \le \pi/2,\quad -\pi \le \gamma \le 0$

$k_1 = -1,\ k_2 = +1$ => $|\beta| \ge \pi/2,\quad \pi/2 \le \gamma \le \pi$

$k_1 = -1,\ k_2 = -1$ => $|\beta| \ge \pi/2,\quad -\pi \le \gamma \le -\pi/2$

Kosten

2 Wurzeloperationen, 2 Divisionen, 22 Multiplikationen, 12 Additionen

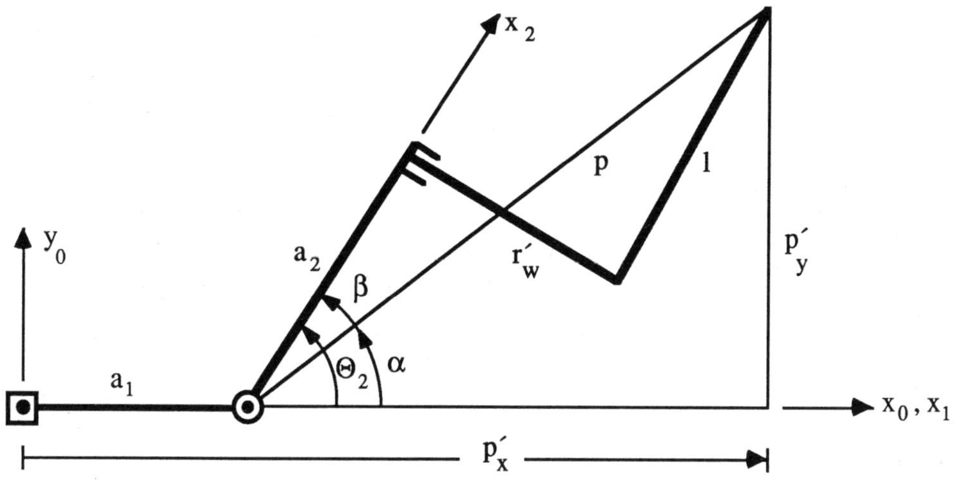

Bild 4.9a: Projektion von ZCB in die x_0y_0-Ebene

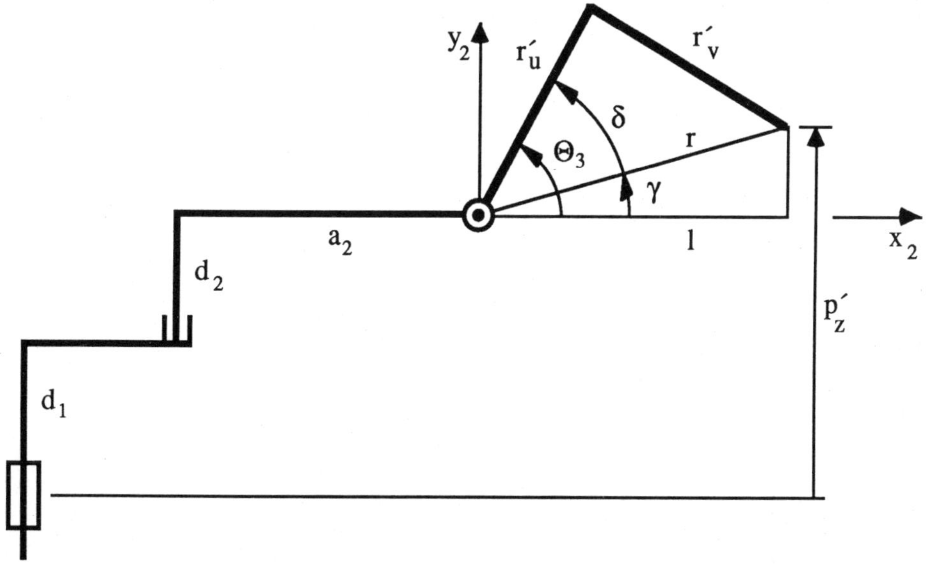

Bild 4.9b: Projektion von ZCB in die x_2y_2-Ebene

4.3.3.4 Hauptstruktur CZB

Konstante Winkel: $\alpha_1 = 0$, $\alpha_2 = \pm\pi/2$, $\theta_2 = 0$

Gelenkvariablen : θ_1, d_2, θ_3

Lösungsformeln

$$p = (p_x'^2 + p_y'^2)^{\frac{1}{2}} \qquad r = (r_u'^2 + r_v'^2)^{\frac{1}{2}}$$

$$l = k_1\ (p^2 - r_w'^2)^{\frac{1}{2}} - (a_1 + a_2)$$

$$\cos\alpha = p_x' / p \qquad \cos\gamma = l / r$$

$$\sin\alpha = p_y' / p \qquad \sin\gamma = k_2\ (1 - \cos^2\gamma)^{\frac{1}{2}}$$

$$\sin\beta = \mathrm{sgn}\alpha_2\ r_w' / p \qquad \sin\delta = -r_v' / r$$

$$\cos\beta = (l + a_1 + a_2) / p \qquad \cos\delta = r_u' / r$$

$$\sin\theta_1 = \sin\alpha\cos\beta + \cos\alpha\sin\beta \qquad \sin\theta_3 = \sin\gamma\cos\delta + \cos\gamma\sin\delta$$

$$\cos\theta_1 = \cos\alpha\cos\beta - \sin\alpha\sin\beta \qquad \cos\theta_3 = \cos\gamma\cos\delta - \sin\gamma\sin\delta$$

$$d_2 = p_z' - d_1 - \mathrm{sgn}\alpha_2\ r\sin\gamma$$

Singularitäten

$p = 0$	=>	reduzierte Stellung (θ_1 frei wählbar)
$r = 0$	=>	reduzierte Stellung (θ_3 frei wählbar)
$p < \lvert r_w' \rvert$	=>	unerreichbare Stellung
$r < \lvert l \rvert$	=>	unerreichbare Stellung

Alternativstellungen

$k_1 = +1$,	$k_2 = +1$	=>	$\lvert\beta\rvert \le \pi/2$,	$0 \le \gamma \le \pi$
$k_1 = +1$,	$k_2 = -1$	=>	$\lvert\beta\rvert \le \pi/2$,	$-\pi \le \gamma \le 0$
$k_1 = -1$,	$k_2 = +1$	=>	$\lvert\beta\rvert \ge \pi/2$,	$\pi/2 \le \gamma \le \pi$
$k_1 = -1$,	$k_2 = -1$	=>	$\lvert\beta\rvert \ge \pi/2$,	$-\pi \le \gamma \le -\pi/2$

Kosten

2 Wurzeloperationen, 2 Divisionen, 22 Multiplikationen, 11 Additionen

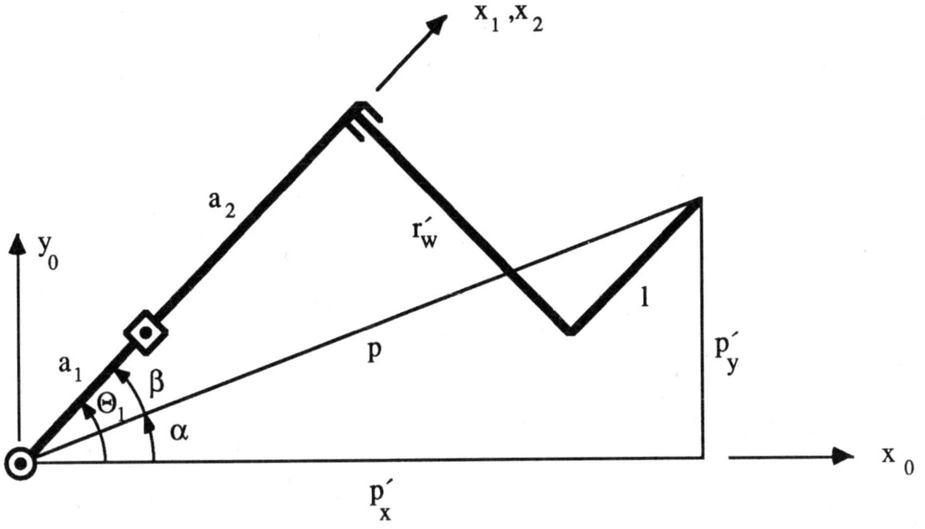

Bild 4.10a: Projektion von CZB in die x_0y_0-Ebene

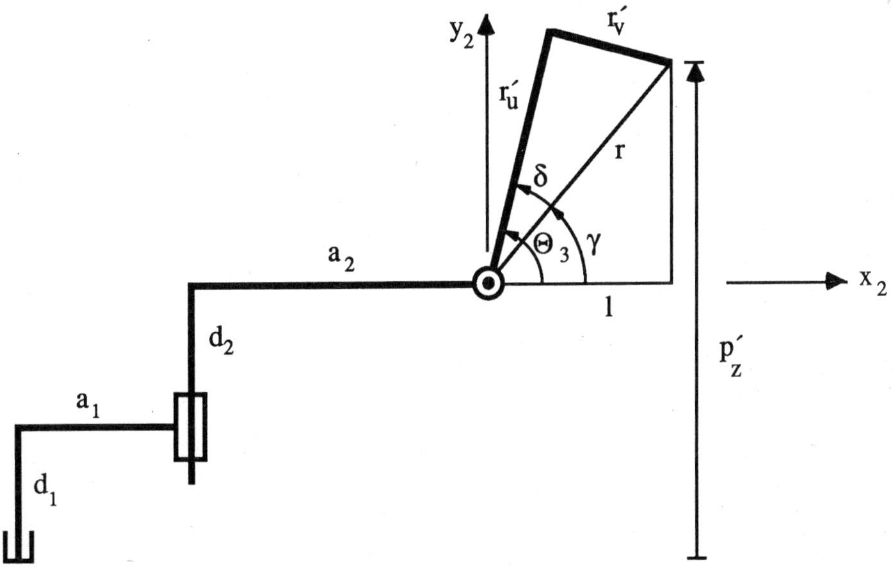

Bild 4.10b: Projektion von CZB in die x_2y_2-Ebene

4.3.3.5 Hauptstruktur CCB

Konstante Winkel: $\alpha_1 = 0$, $\alpha_2 = \pm\pi/2$

Gelenkvariablen : θ_1, θ_2, θ_3

Lösungsformeln

$p = (p_x'^2 + p_y'^2)^{\frac{1}{2}}$ $\qquad$ $r = (r_u'^2 + r_v'^2)^{\frac{1}{2}}$

$c = \mathrm{sgn}\alpha_2\ (p_z' - d_1 - d_2)$

$l = k_1\ (r^2 - c^2)^{\frac{1}{2}}$

$b = ((l + a_2)^2 + r_w'^2)^{\frac{1}{2}}$

$\sin\alpha = p_y' / p$ $\qquad$ $\sin\gamma = \mathrm{sgn}\alpha_2\ r_w' / b$

$\cos\alpha = p_x' / p$ $\qquad$ $\cos\gamma = (l + a_2) / b$

$\cos\beta = (a_1^2 + p^2 - b^2) / (2\ a_1\ p)$ $\qquad$ $\cos\delta = (-a_1^2 + p^2 - b^2) / (2\ a_1\ b)$

$\sin\beta = -k_2\ (1 - \cos^2\beta)^{\frac{1}{2}}$ $\qquad$ $\sin\delta = +k_2\ (1 - \cos^2\delta)^{\frac{1}{2}}$

$\sin\theta_1 = \sin\alpha\cos\beta + \cos\alpha\sin\beta$ $\qquad$ $\sin\theta_2 = \sin\gamma\cos\delta + \cos\gamma\sin\delta$

$\cos\theta_1 = \cos\alpha\cos\beta - \sin\alpha\sin\beta$ $\qquad$ $\cos\theta_2 = \cos\gamma\cos\delta - \sin\gamma\sin\delta$

$\sin\varepsilon = c / r$ $\quad$ $\cos\varepsilon = l / r$ $\qquad$ $\sin\zeta = -r_v' / r$ $\quad$ $\cos\zeta = r_u' / r$

$\sin\theta_3 = \sin\varepsilon\cos\zeta + \cos\varepsilon\sin\zeta$

$\cos\theta_3 = \cos\varepsilon\cos\zeta - \sin\varepsilon\sin\zeta$

Singularitäten

$a_1 = 0$	=>	degenerierte Struktur
$p = 0$	=>	reduzierte Stellung (θ_1 frei wählbar)
$b = 0$	=>	reduzierte Stellung (θ_2 frei wählbar)
$r = 0$	=>	reduzierte Stellung (θ_3 frei wählbar)
$p > a_1 + b$	=>	unerreichbare Stellung
$p < \lvert a_1 - b\rvert$	=>	unerreichbare Stellung
$r < \lvert c\rvert$	=>	unerreichbare Stellung

Alternativstellungen

$k_1 = +1,\ k_2 = +1$	=>	$\lvert\gamma\rvert \le \pi/2$,	$\lvert\varepsilon\rvert \le \pi/2$,	$-\pi \le \beta \le 0 \le \delta \le \pi$
$k_1 = +1,\ k_2 = -1$	=>	$\lvert\gamma\rvert \le \pi/2$,	$\lvert\varepsilon\rvert \le \pi/2$,	$-\pi \le \delta \le 0 \le \beta \le \pi$
$k_1 = -1,\ k_2 = +1$	=>		$\lvert\varepsilon\rvert \ge \pi/2$,	$-\pi \le \beta \le 0 \le \delta \le \pi$
$k_1 = -1,\ k_2 = -1$	=>		$\lvert\varepsilon\rvert \ge \pi/2$,	$-\pi \le \delta \le 0 \le \beta \le \pi$

Kosten

3 Wurzeloperationen, 3 Divisionen, 32 Multiplikationen, 17 Additionen

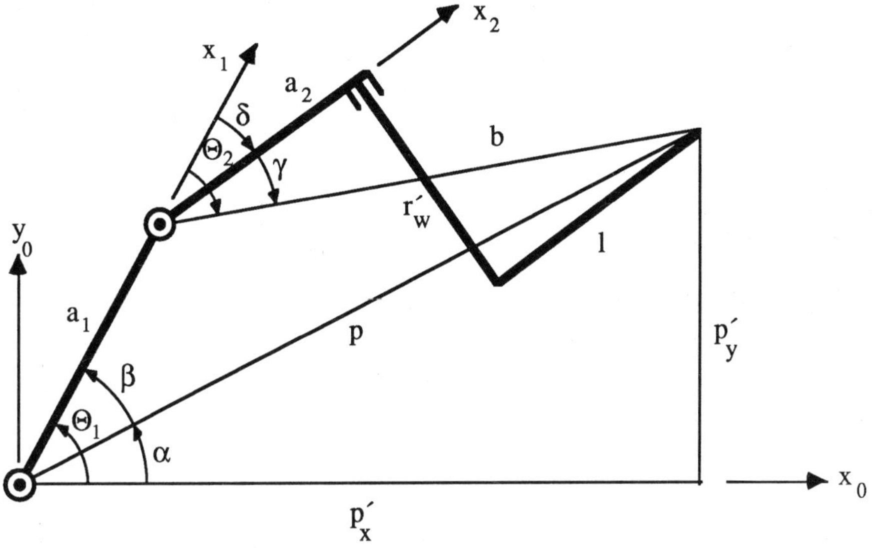

Bild 4.11a: Projektion von CCB in die x_0y_0-Ebene

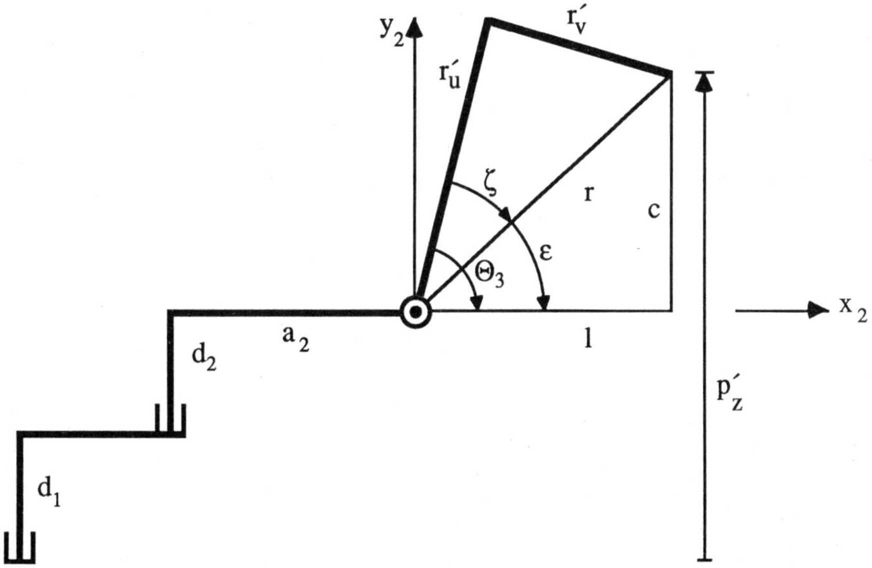

Bild 4.11b: Projektion von CCB in die x_2y_2-Ebene

4.3.4 Achsstruktur WVW

4.3.4.1 Hauptstruktur ZYC

Konstante Winkel: $\alpha_1 = \pm\pi/2$, $\alpha_2 = \pm\pi/2$, $\theta_1 = 0$, $\theta_2 = 0$

Gelenkvariablen : d_1, d_2, θ_3

Lösungsformeln

$$d_1 = p_z' + \text{sgn}\alpha_1 \ \text{sgn}\alpha_2 \ r_w'$$

$$l = p_x' - a_1 - a_2 \qquad r = (r_u'^2 + r_v'^2)^{\frac{1}{2}}$$

$$c = k \ (r^2 - l^2)^{\frac{1}{2}}$$

$$d_2 = - \text{sgn}\alpha_1 \ p_y' - \text{sgn}\alpha_2 \ c$$

$$\sin\alpha = c \ / \ r \qquad \sin\beta = -r_v' \ / \ r$$

$$\cos\alpha = l \ / \ r \qquad \cos\beta = r_u' \ / \ r$$

$$\sin\theta_3 = \sin\alpha \cos\beta + \cos\alpha \sin\beta$$

$$\cos\theta_3 = \cos\alpha \cos\beta - \sin\alpha \sin\beta$$

Singularitäten

$r = 0$ => reduzierte Stellung (θ_3 frei wählbar)

$r < |l|$ => unerreichbare Stellung

Alternativstellungen

$k = +1$ => $0 \leq \alpha \leq \pi$

$k = -1$ => $-\pi \leq \alpha \leq 0$

Kosten

1 Wurzeloperation, 1 Division, 13 Multiplikationen, 7 Additionen

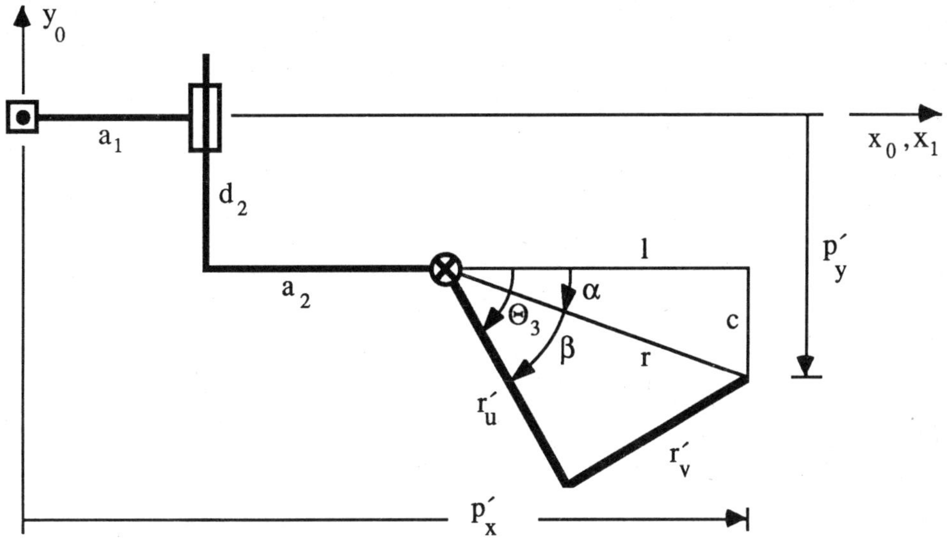

Bild 4.12a: Projektion von ZYC in die x_0y_0-Ebene

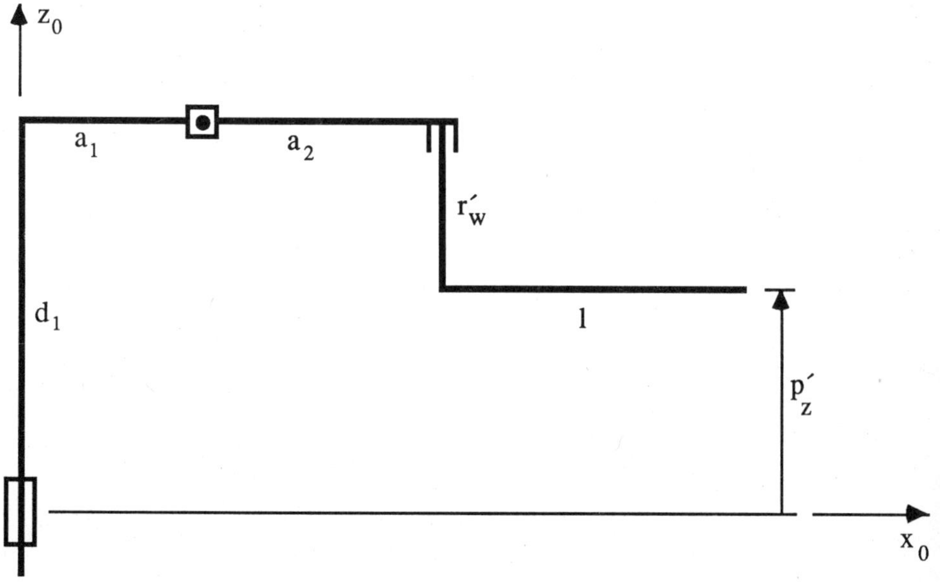

Bild 4.12b: Projektion von ZYC in die x_0z_0-Ebene

4.3.4.2 Hauptstruktur CYZ

Konstante Winkel: $\alpha_1 = \pm\pi/2$, $\alpha_2 = \pm\pi/2$, $\theta_2 = 0$

Gelenkvariablen : θ_1, d_2, d_3

Lösungsformeln

$$d_3 = -\,\mathrm{sgn}\alpha_1\,\mathrm{sgn}\alpha_2\,(p'_z - d_1) - r'_w$$

$$p = (p'^2_x + p'^2_y)^{\frac{1}{2}}$$

$$a = a_1 + a_2 + r'_u$$

$$d_2 = k\,(p^2 - a^2)^{\frac{1}{2}} - \mathrm{sgn}\alpha_2\, r'_v$$

$$\sin\alpha = p'_y\,/\,p \qquad \sin\beta = \mathrm{sgn}\alpha_1\,(d_2 + \mathrm{sgn}\alpha_2\, r'_v)\,/\,p$$

$$\cos\alpha = p'_x\,/\,p \qquad \cos\beta = a\,/\,p$$

$$\sin\theta_1 = \sin\alpha\,\cos\beta + \cos\alpha\,\sin\beta$$

$$\cos\theta_1 = \cos\alpha\,\cos\beta - \sin\alpha\,\sin\beta$$

Singularitäten

$p = 0$ => reduzierte Stellung (θ_1 frei wählbar)

$p < |a|$ => unerreichbare Stellung

Alternativstellungen

$\mathrm{sgn}\alpha_1\, k = +1$ => $0 \le \beta \le \pi$

$\mathrm{sgn}\alpha_1\, k = -1$ => $-\pi \le \beta \le 0$

Kosten

1 Wurzeloperation, 1 Division, 13 Multiplikationen, 8 Additionen

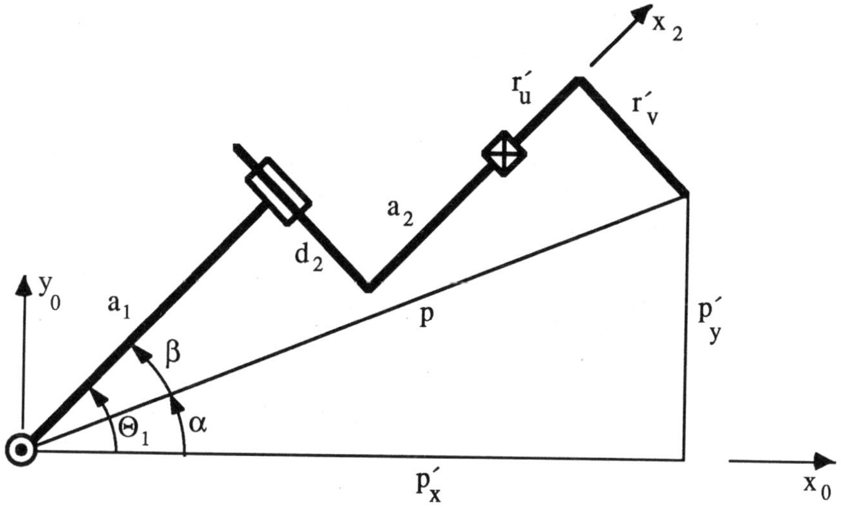

Bild 4.13a: Projektion von CYZ in die x_0y_0-Ebene

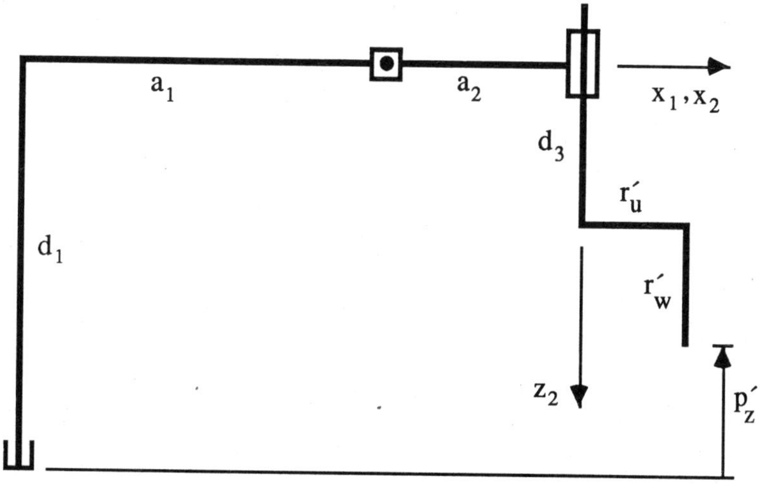

Bild 4.13b: Projektion von CYZ in die x_2z_2-Ebene

4.3.4.3 Hauptstruktur ZBC

Konstante Winkel: $\alpha_1 = \pm\pi/2$, $\alpha_2 = \pm\pi/2$, $\theta_1 = 0$
Gelenkvariablen : d_1, θ_2, θ_3

Lösungsformeln

$$c = -\operatorname{sgn}\alpha_2 \, (\operatorname{sgn}\alpha_1 \, p'_y + d_2) \qquad r = (r'^2_u + r'^2_v)^{\frac{1}{2}}$$

$$l = k_1 \, (r^2 - c^2)^{\frac{1}{2}}$$

$$p = ((a_2 + 1)^2 + r'^2_w)^{\frac{1}{2}}$$

$$z = k_2 \, (p^2 - (p'_x - a_1)^2)^{\frac{1}{2}}$$

$$d_1 = p'_z - \operatorname{sgn}\alpha_1 \, z$$

$\sin\alpha = z \,/\, p$	$\sin\gamma = c \,/\, r$
$\cos\alpha = (p'_x - a_1) \,/\, p$	$\cos\gamma = l \,/\, r$
$\sin\beta = \operatorname{sgn}\alpha_2 \, r'_w \,/\, p$	$\sin\delta = -r'_v \,/\, r$
$\cos\beta = (a_2 + 1) \,/\, p$	$\cos\delta = r'_u \,/\, r$
$\sin\theta_2 = \sin\alpha \cos\beta + \cos\alpha \sin\beta$	$\sin\theta_3 = \sin\gamma \cos\delta + \cos\gamma \sin\delta$
$\cos\theta_2 = \cos\alpha \cos\beta - \sin\alpha \sin\beta$	$\cos\theta_3 = \cos\gamma \cos\delta - \sin\gamma \sin\delta$

Singularitäten

$p = 0$	=>	reduzierte Stellung (θ_2 frei wählbar)
$r = 0$	=>	reduzierte Stellung (θ_3 frei wählbar)
$p < \lvert p'_x - a_1 \rvert$	=>	unerreichbare Stellung
$r < \lvert c \rvert$	=>	unerreichbare Stellung

Alternativstellungen

$k_1 = +1$, $k_2 = +1$	=>	$\lvert\gamma\rvert \le \pi/2$,	$\lvert\beta\rvert \le \pi/2$,	$0 \le \alpha \le \pi$
$k_1 = +1$, $k_2 = -1$	=>	$\lvert\gamma\rvert \le \pi/2$,	$\lvert\beta\rvert \le \pi/2$,	$-\pi \le \alpha \le 0$
$k_1 = -1$, $k_2 = +1$	=>	$\lvert\gamma\rvert \ge \pi/2$,		$0 \le \alpha \le \pi$
$k_1 = -1$, $k_2 = -1$	=>	$\lvert\gamma\rvert \ge \pi/2$,		$-\pi \le \alpha \le 0$

Kosten

2 Wurzeloperationen, 2 Divisionen, 24 Multiplikationen, 12 Additionen

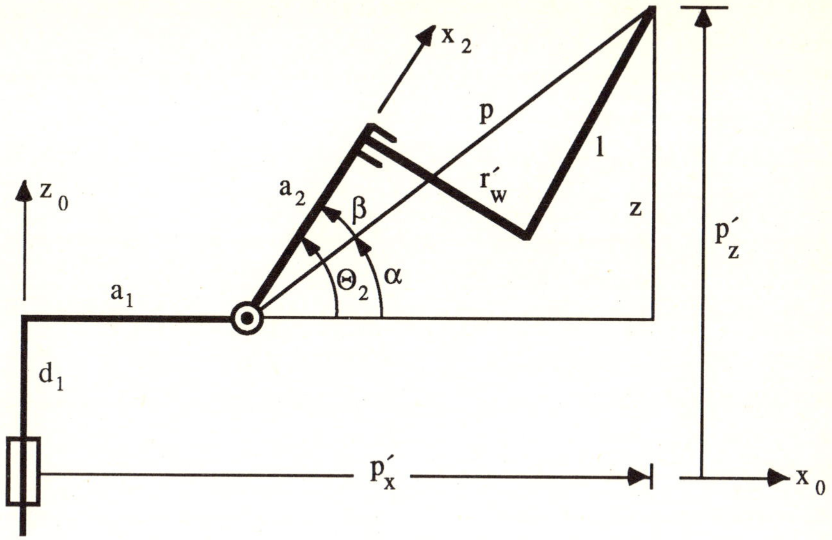

Bild 4.14a: Projektion von ZBC in die x_0z_0-Ebene

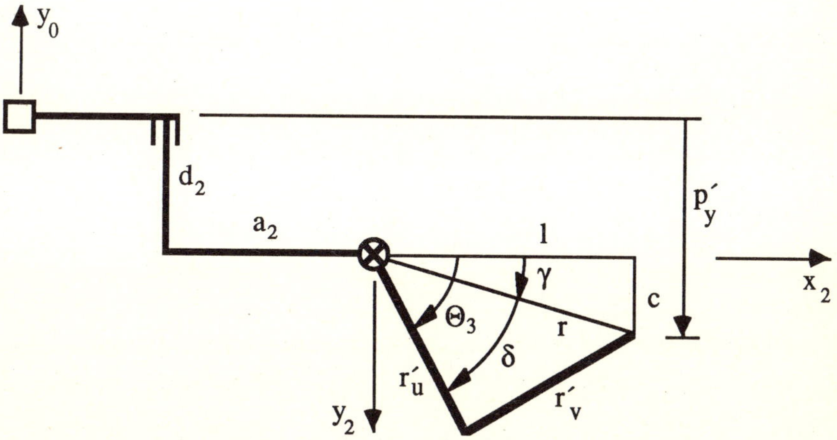

Bild 4.14b: Projektion von ZBC in die x_2y_2-Ebene

4.3.4.4 Hauptstruktur CBZ

Konstante Winkel: $\alpha_1 = \pm\pi/2$, $\alpha_2 = \pm\pi/2$

Gelenkvariablen : θ_1, θ_2, d_3

Lösungsformeln

$$p = (p_x'^2 + p_y'^2)^{\frac{1}{2}} \qquad m = d_2 + \mathrm{sgn}\alpha_2\, r_v'$$

$$l = k_1\,(p^2 - m^2)^{\frac{1}{2}} - a_1$$

$$c = \mathrm{sgn}\alpha_1\,(p_z' - d_1)$$

$$r = (l^2 + c^2)^{\frac{1}{2}}$$

$$d_3 = k_2\,(r^2 - (a_2 + r_u')^2)^{\frac{1}{2}} - r_w'$$

$\sin\alpha = p_y' / p$	$\sin\gamma = c / r$
$\cos\alpha = p_x' / p$	$\cos\gamma = l / r$
$\sin\beta = \mathrm{sgn}\alpha_1\, m / p$	$\sin\delta = \mathrm{sgn}\alpha_2\,(d_3 + r_w') / r$
$\cos\beta = (l + a_1) / p$	$\cos\delta = (a_2 + r_u') / r$
$\sin\theta_1 = \sin\alpha\cos\beta + \cos\alpha\sin\beta$	$\sin\theta_2 = \sin\gamma\cos\delta + \cos\gamma\sin\delta$
$\cos\theta_1 = \cos\alpha\cos\beta - \sin\alpha\sin\beta$	$\cos\theta_2 = \cos\gamma\cos\delta - \sin\gamma\sin\delta$

Singularitäten

$p = 0$	=>	reduzierte Stellung (θ_1 frei wählbar)
$r = 0$	=>	reduzierte Stellung (θ_2 frei wählbar)
$p < \lvert m \rvert$	=>	unerreichbare Stellung
$r < \lvert a_2 + r_u' \rvert$	=>	unerreichbare Stellung

Alternativstellungen

$k_1 = +1$,	$\mathrm{sgn}\alpha_2\, k_2 = +1$	=>	$\lvert\beta\rvert \le \pi/2$,		$0 \le \delta \le \pi$
$k_1 = +1$,	$\mathrm{sgn}\alpha_2\, k_2 = -1$	=>	$\lvert\beta\rvert \le \pi/2$,		$-\pi \le \delta \le 0$
$k_1 = -1$,	$\mathrm{sgn}\alpha_2\, k_2 = +1$	=>	$\lvert\beta\rvert \ge \pi/2$,	$\lvert\gamma\rvert \ge \pi/2$,	$0 \le \delta \le \pi$
$k_1 = -1$,	$\mathrm{sng}\alpha_2\, k_2 = -1$	=>	$\lvert\beta\rvert \ge \pi/2$,	$\lvert\gamma\rvert \ge \pi/2$,	$-\pi \le \delta \le 0$

Kosten

2 Wurzeloperationen, 2 Divisionen, 24 Multiplikationen, 13 Additionen

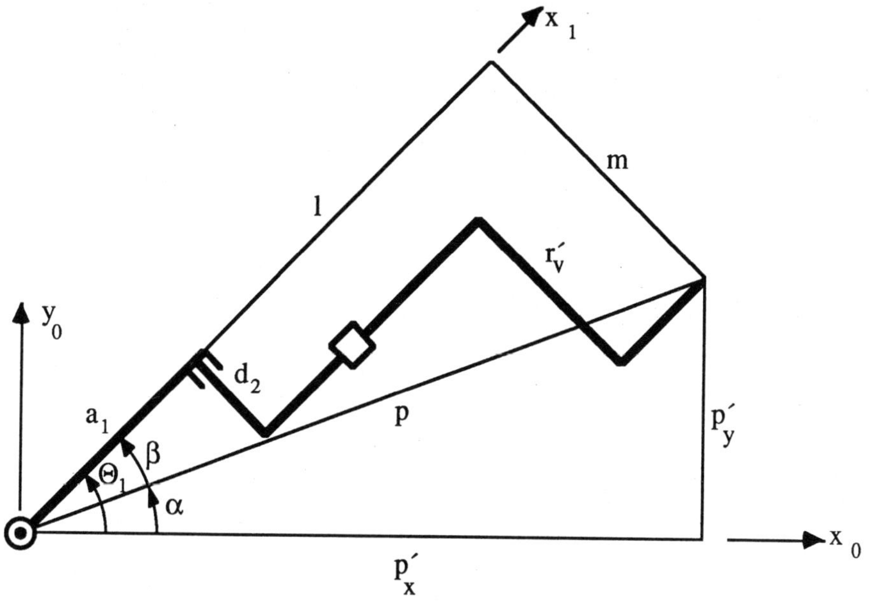

Bild 4.15a: Projektion von CBZ in die x_0y_0-Ebene

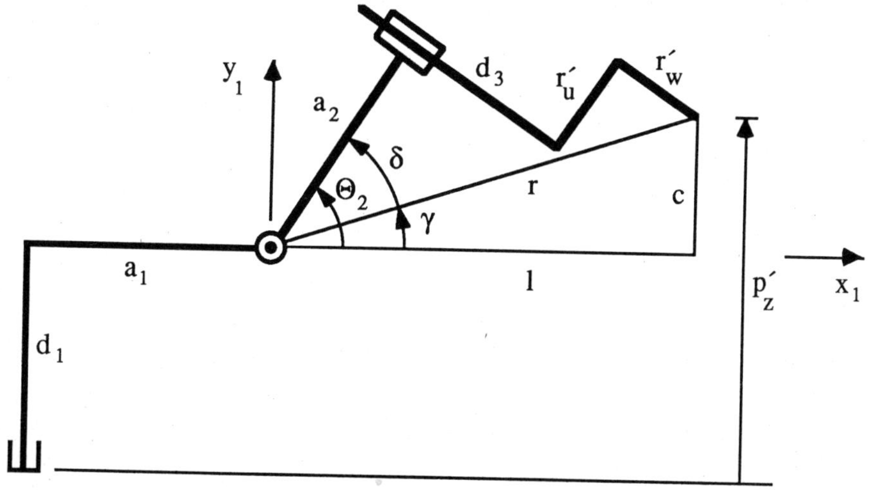

Bild 4.15b: Projektion von CBZ in die x_1y_1-Ebene

4.3.4.5 Hauptstruktur CBC

Konstante Winkel: $\alpha_1 = \pm\pi/2$, $\alpha_2 = \pm\pi/2$
Gelenkvariablen : θ_1, θ_2, θ_3

Die Hauptstruktur CBC läßt sich als einzige der hier betrachteten Strukturen nicht in quadratischer Form lösen, d.h. es gelingt nicht, eine quadratische Gleichung in einer Variablen herzuleiten. Durch Nullsetzung einiger Strukturparameter (also durch Einschränkung der Allgemeinheit) können jedoch zwei quadratisch lösbare Fälle unterschieden werden, die den Roboterkonfigurationen K1 und K2 aus /Heiß 85/ entsprechen.

Fall I ($a_1 = 0$)

Wir betrachten die Hauptstruktur CBC zunächst noch in allgemeiner Form (alle Strukturparameter von Null verschieden). Aus den Bildern 4.16a und 4.16b lassen sich die Gleichungen (1) und (2) ableiten:

(1) $$(a_1 + l)^2 + (d_2 + \mathrm{sgn}\alpha_2\, s)^2 = p^2$$
(2) $$r_w'^2 + (a_2 + t)^2 = z^2 + l^2$$

(1) $$s^2 + 2\,\mathrm{sgn}\alpha_2\, d_2\, s = p^2 - d_2^2 - (a_1 + l)^2$$
(2) $$t^2 + 2\, a_2\, t = z^2 - a_2^2 - r_w'^2 + l^2$$

Die Gleichungen (1) und (2) werden addiert:

$$s^2 + t^2 + 2\,(\mathrm{sgn}\alpha_2\, d_2\, s + a_2\, t) = p^2 + z^2 - d_2^2 - a_2^2 - r_w'^2 + l^2 - (l + a_1)^2$$

Mit Hilfe der aus Bild 4.16c gewonnenen Substitutionen

$$s = r\sin\varepsilon \qquad t = r\cos\varepsilon \qquad s^2 + t^2 = r^2$$

läßt sich Gleichung (1) + (2) nunmehr wie folgt formulieren:

$$2r\,(\mathrm{sgn}\alpha_2\, d_2 \sin\varepsilon + a_2 \cos\varepsilon) = p^2 + z^2 - r^2 - r_w'^2 - d_2^2 - a_2^2 + l^2 - (l + a_1)^2$$

Unbekannt sind ε und l. Die Gleichung läßt sich nur dann nach ε auflösen, wenn $a_1 = 0$ ist; dann gilt

$$\mathrm{sgn}\alpha_2\ d_2 \sin\varepsilon + a_2 \cos\varepsilon = (p^2 + z^2 - r^2 - r_w'^2 - d_2^2 - a_2^2) \ / \ (2r)$$

Wenn wir die rechte Seite mit b abkürzen, dann erhalten wir die in Bild 4.16d dargestellte geometrische Beziehung. Damit sind wir nun in der Lage, die Lösungsformeln für den Fall $a_1 = 0$ anzugeben.

Lösungsformeln

$p = (p_x'^2 + p_y'^2)^{\frac{1}{2}}$ $\qquad$ $r = (r_u'^2 + r_v'^2)^{\frac{1}{2}}$

$z = \mathrm{sgn}\alpha_1\ (p_z' - d_1)$ $\qquad$ $v = (d_2^2 + a_2^2)^{\frac{1}{2}}$

$$b = (p^2 + z^2 - r^2 - r_w'^2 - v^2) \ / \ (2r)$$

$$c = k_1\ (v^2 - b^2)^{\frac{1}{2}}$$

$\sin\kappa = c \ / \ v$ $\qquad$ $\sin\lambda = \mathrm{sgn}\alpha_2\ d_2 \ / \ v$

$\cos\kappa = b \ / \ v$ $\qquad$ $\cos\lambda = a_2 \ / \ v$

$$\sin\varepsilon = \sin\kappa \cos\lambda + \cos\kappa \sin\lambda$$

$$\cos\varepsilon = \cos\kappa \cos\lambda - \sin\kappa \sin\lambda$$

$\sin\zeta = -r_v' \ / \ r$ $\qquad$ $\cos\zeta = r_u' \ / \ r$

$$\sin\theta_3 = \sin\varepsilon \cos\zeta + \cos\varepsilon \sin\zeta$$

$$\cos\theta_3 = \cos\varepsilon \cos\zeta - \sin\varepsilon \sin\zeta$$

$s = r \sin\varepsilon$ $\qquad$ $t = r \cos\varepsilon$

$$u = ((a_2 + t)^2 + r_w'^2)^{\frac{1}{2}}$$

$$l = k_2\ (u^2 - z^2)^{\frac{1}{2}}$$

$\sin\alpha = p_y' \ / \ p$ $\qquad$ $\sin\gamma = z \ / \ u$

$\cos\alpha = p_x' \ / \ p$ $\qquad$ $\cos\gamma = l \ / \ u$

$\sin\beta = \mathrm{sgn}\alpha_1\ (d_2 + \mathrm{sgn}\alpha_2\ s) \ / \ p$ $\qquad$ $\sin\delta = \mathrm{sgn}\alpha_2\ r_w' \ / \ u$

$\cos\beta = l \ / \ p$ $\qquad$ $\cos\delta = (a_2 + t) \ / \ u$

$\sin\theta_1 = \sin\alpha \cos\beta + \cos\alpha \sin\beta$ $\qquad$ $\sin\theta_2 = \sin\gamma \cos\delta + \cos\gamma \sin\delta$

$\cos\theta_1 = \cos\alpha \cos\beta - \sin\alpha \sin\beta$ $\qquad$ $\cos\theta_2 = \cos\gamma \cos\delta - \sin\gamma \sin\delta$

Singularitäten

$p = 0$ $\Rightarrow$ reduzierte Stellung (θ_1 frei wählbar)

$u = 0$ $\Rightarrow$ reduzierte Stellung (θ_2 frei wählbar)

$r = 0$ $\Rightarrow$ reduzierte Stellung (θ_3 frei wählbar)

$u < |z|$ $\Rightarrow$ unerreichbare Stellung

$v < |b|$ $\Rightarrow$ unerreichbare Stellung

Alternativstellungen

$k_1 = +1,\quad k_2 = +1 \quad \Rightarrow \quad 0 \le \kappa \le \pi,\quad |\beta| \le \pi/2,\quad |\gamma| \le \pi/2$

$k_1 = +1,\quad k_2 = -1 \quad \Rightarrow \quad 0 \le \kappa \le \pi,\quad |\beta| \ge \pi/2,\quad |\gamma| \ge \pi/2$

$k_1 = -1,\quad k_2 = +1 \quad \Rightarrow \quad -\pi \le \kappa \le 0,\quad |\beta| \le \pi/2,\quad |\gamma| \le \pi/2$

$k_1 = -1,\quad k_2 = -1 \quad \Rightarrow \quad -\pi \le \kappa \le 0,\quad |\beta| \ge \pi/2,\quad |\gamma| \ge \pi/2$

Kosten

2 Wurzeloperationen, 3 Divisionen, 40 Multiplikationen, 20 Additionen

Fall II ($a_2 = 0$)

Zur Herleitung des zweiten quadratisch lösbaren Falles betrachten wir die Positionsgleichung aus Schritt 3 des Transformationsalgorithmus und bringen θ_3 auf die linke Seite:

$$A_{3v}(\theta_3)\, \underline{r}' = A_2^{-1}(\theta_2)\, A_1^{-1}(\theta_1)\, \underline{p}'$$

In Komponentenschreibweise erhalten wir dann mit den Abkürzungen $s_i \mathrel{\hat=} \sin\theta_i$ und $c_i \mathrel{\hat=} \cos\theta_i$

$$\begin{bmatrix} c_3 r'_u - s_3 r'_v \\ s_3 r'_u + c_3 r'_v \\ r'_w \\ 1 \end{bmatrix} = \begin{bmatrix} c_2(c_1 p'_x + s_1 p'_y - a_1) + \operatorname{sgn}\alpha_1 s_2 (p'_z - d_1) - a_2 \\ \operatorname{sgn}\alpha_2(\operatorname{sgn}\alpha_1(s_1 p'_x - c_1 p'_y) - d_2) \\ \operatorname{sgn}\alpha_2(s_2(c_1 p'_x + s_1 p'_y - a_1) - \operatorname{sgn}\alpha_1 c_2 (p'_z - d_1)) \\ 1 \end{bmatrix}$$

Unser Ziel ist es, durch Quadrieren und Summieren der drei nichttrivialen Komponenten eine Gleichung in der Variablen θ_1 zu gewinnen. Dazu muß allerdings $a_2 = 0$ vorausgesetzt werden. Dann lauten die quadrierten Gleichungen

$$\text{(1)}\quad c_3^2 r_u'^2 - 2c_3 s_3 r'_u r'_v + s_3^2 r_v'^2 = c_2^2(c_1 p'_x + s_1 p'_y - a_1)^2 + s_2^2(p'_z - d_1)^2 + 2\operatorname{sgn}\alpha_1 c_2 s_2 (c_1 p'_x + s_1 p'_y - a_1)(p'_z - d_1)$$

$$\text{(2)}\quad s_3^2 r_u'^2 + 2c_3 s_3 r'_u r'_v + c_3^2 r_v'^2 = (\operatorname{sgn}\alpha_1(s_1 p'_x - c_1 p'_y) - d_2)^2$$

$$\text{(3)}\quad r_w'^2 = s_2^2(c_1 p'_x + s_1 p'_y - a_1)^2 + c_2^2(p'_z - d_1)^2 - 2\operatorname{sgn}\alpha_1 c_2 s_2 (c_1 p'_x + s_1 p'_y - a_1)(p'_z - d_1)$$

Die Summe dieser drei Gleichungen ist eine Gleichung in θ_1:

$$
\begin{aligned}
r_u'^2+r_v'^2+r_w'^2 &= (c_1p_x' + s_1p_y' - a_1)^2 + (p_z' - d_1)^2 + (\mathrm{sgn}\alpha_1(s_1p_x' - c_1p_y') - d_2)^2 \\
&= p_x'^2 + p_y'^2 + (p_z' - d_1)^2 + a_1^2 + d_2^2 \\
&\quad - 2c_1(a_1p_x' - \mathrm{sgn}\alpha_1 d_2p_y') - 2s_1(a_1p_y' + \mathrm{sgn}\alpha_1 d_2p_x')
\end{aligned}
$$

Wir teilen beide Seiten durch 2p, um den Hilfswinkel α aus Bild 4.16a einführen zu können, und erhalten eine Gleichung der Form

$$\cos\theta_1\ e + \sin\theta_1\ f = g$$

mit

$$\sin\alpha = p_y' / p \qquad \cos\alpha = p_x' / p$$

$$e = a_1 \cos\alpha - \mathrm{sgn}\alpha_1\ d_2 \sin\alpha$$

$$f = a_1 \sin\alpha + \mathrm{sgn}\alpha_1\ d_2 \cos\alpha$$

$$g = (p_x'^2 + p_y'^2 + (p_z' - d_1)^2 - r_u'^2 - r_v'^2 - r_w'^2 + a_1^2 + d_2^2) / (2\ p)$$

Eine geometrische Deutung dieser Gleichung bietet Bild 4.16e. Damit haben wir (unter der einschränkenden Nebenbedingung $a_2 = 0$) einen Ansatz für die Berechnung der Variablen θ_1 hergeleitet und können nunmehr die Lösungsformeln für alle Gelenkvariablen angeben.

Lösungsformeln

$p = (p_x'^2 + p_y'^2)^{\frac{1}{2}}$ $\qquad$ $r = (r_u'^2 + r_v'^2)^{\frac{1}{2}}$

$\sin\alpha = p_y' / p$ $\qquad$ $\cos\alpha = p_x' / p$

$e = a_1 \cos\alpha - \mathrm{sgn}\alpha_1\ d_2 \sin\alpha$ $\qquad$ $f = a_1 \sin\alpha + \mathrm{sgn}\alpha_1\ d_2 \cos\alpha$

$$z = \mathrm{sgn}\alpha_1\ (p_z' - d_1)$$

$$g = (p^2 + z^2 - r^2 - r_w'^2 + a_1^2 + d_2^2) / (2\ p)$$

$$w = (e^2 + f^2)^{\frac{1}{2}}$$

$$h = k_1\ (w^2 - g^2)^{\frac{1}{2}}$$

$\sin\mu = h / w$ $\qquad$ $\sin\nu = g / w$

$\cos\mu = g / w$ $\qquad$ $\cos\nu = e / w$

$$\sin\theta_1 = \sin\mu \cos\nu + \cos\mu \sin\nu$$

$$\cos\theta_1 = \cos\mu \cos\nu - \sin\mu \sin\nu$$

$$\cos\beta = \cos\theta_1 \cos\alpha + \sin\theta_1 \sin\alpha$$

$$l = p \cos\beta - a_1$$

$$s = \mathrm{sgn}\alpha_2\ (\mathrm{sgn}d_2\ (p^2 - (l + a_1)^2)^{\frac{1}{2}} - d_2)$$

$u = (z^2 + l^2)^{\frac{1}{2}}$ $\qquad$ $t = k_2\ (r^2 - s^2)^{\frac{1}{2}}$

$\sin\gamma = z / u$

$\cos\gamma = l / u$

$\sin\delta = \mathrm{sgn}\alpha_2 \, r'_w / u$

$\cos\delta = t / u$

$\sin\theta_2 = \sin\gamma \cos\delta + \cos\gamma \sin\delta$

$\cos\theta_2 = \cos\gamma \cos\delta - \sin\gamma \sin\delta$

$\sin\varepsilon = s / r$

$\cos\varepsilon = t / r$

$\sin\zeta = -r'_v / r$

$\cos\zeta = r'_u / r$

$\sin\theta_3 = \sin\varepsilon \cos\zeta + \cos\varepsilon \sin\zeta$

$\cos\theta_3 = \cos\varepsilon \cos\zeta - \sin\varepsilon \sin\zeta$

Singularitäten

$p = 0$ => reduzierte Stellung (θ_1 frei wählbar)

$u = 0$ => reduzierte Stellung (θ_2 frei wählbar)

$r = 0$ => reduzierte Stellung (θ_3 frei wählbar)

$w < |g|$ => unerreichbare Stellung

$r < |s|$ => unerreichbare Stellung

Alternativstellungen

$k_1 = +1, \; k_2 = +1 \;\Rightarrow\; 0 \le \mu \le \pi, \; |\delta| \le \pi/2, \; |\varepsilon| \le \pi/2$

$k_1 = +1, \; k_2 = -1 \;\Rightarrow\; 0 \le \mu \le \pi, \; |\delta| \ge \pi/2, \; |\varepsilon| \ge \pi/2$

$k_1 = -1, \; k_2 = +1 \;\Rightarrow\; -\pi \le \mu \le 0, \; |\delta| \le \pi/2, \; |\varepsilon| \le \pi/2$

$k_1 = -1, \; k_2 = -1 \;\Rightarrow\; -\pi \le \mu \le 0, \; |\delta| \ge \pi/2, \; |\varepsilon| \ge \pi/2$

Kosten

3 Wurzeloperationen, 3 Divisionen, 42 Multiplikationen, 23 Additionen

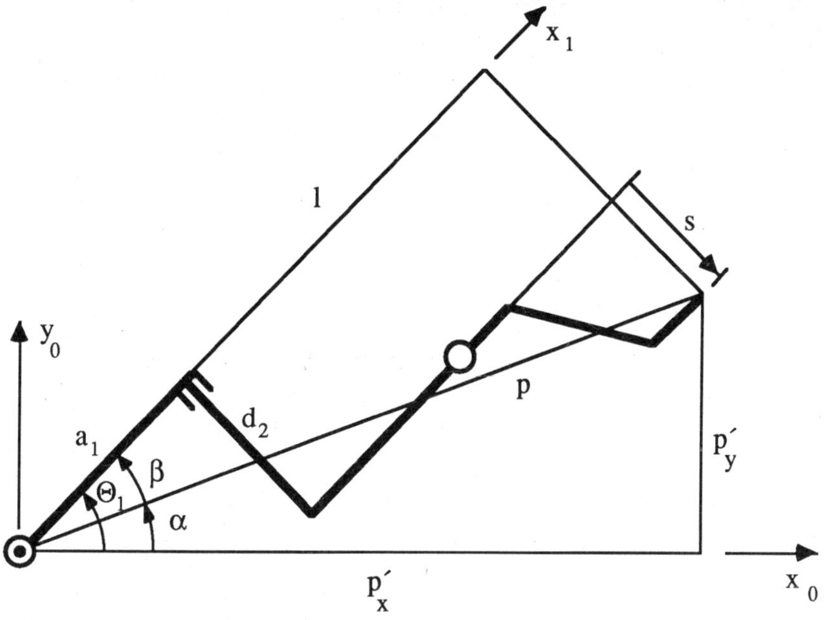

Bild 4.16a: Projektion von CBC in die x_0y_0-Ebene

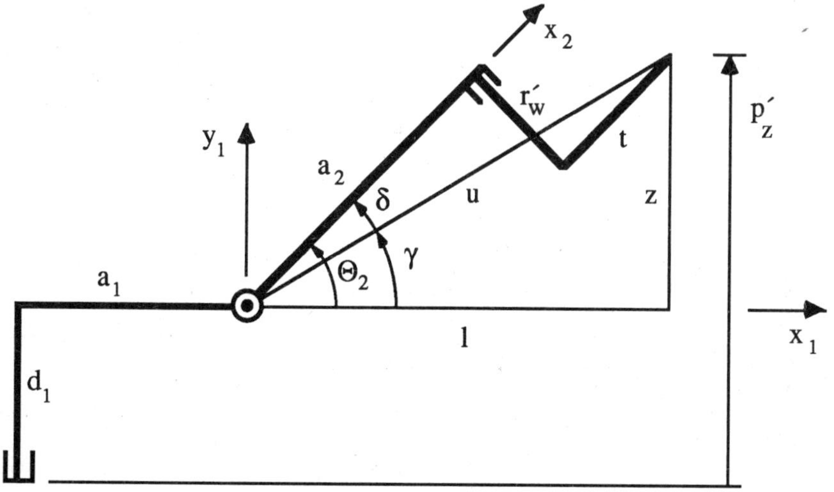

Bild 4.16b: Projektion von CBC in die x_1y_1-Ebene

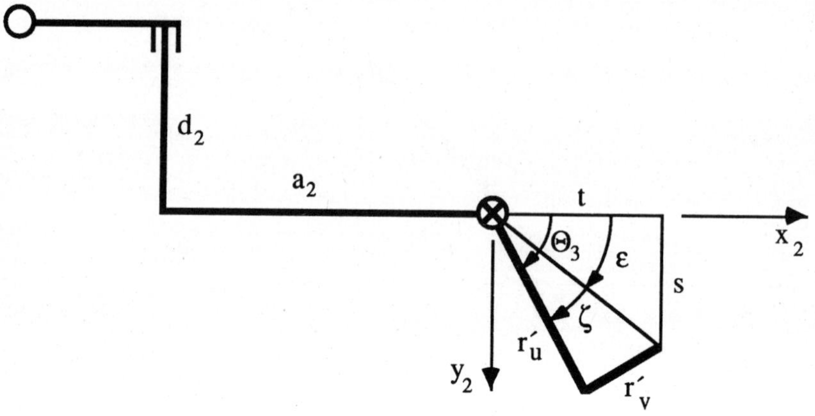

Bild 4.16c: Projektion von CBC in die x_2y_2-Ebene

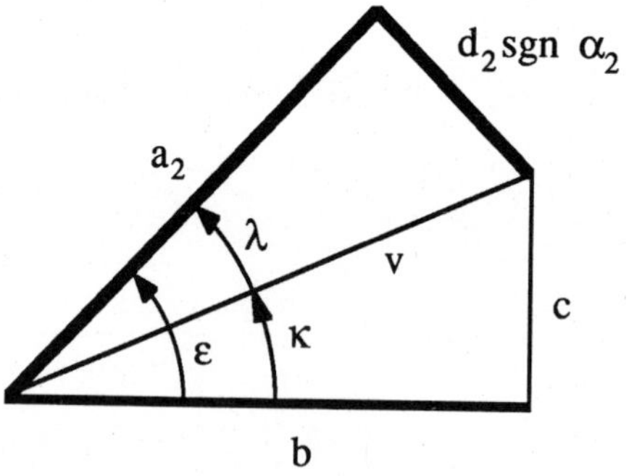

Bild 4.16d: Berechnung des Winkels ε, falls $a_1 = 0$

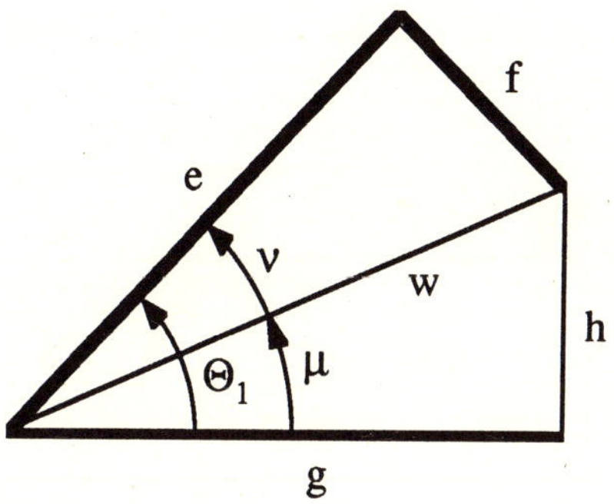

Bild 4.16e: Berechnung des Winkels θ_1, falls $a_2 = 0$

4.3.5 Achsstruktur WVV

4.3.5.1 Hauptstruktur ZYB

Konstante Winkel: $\alpha_1 = \pm\pi/2$, $\alpha_2 = 0$, $\theta_1 = 0$, $\theta_2 = 0$

Gelenkvariablen : d_1, d_2, θ_3

Lösungsformeln

$$d_2 = -\operatorname{sgn}\alpha_1\, p'_y - r'_w$$

$$r = (r'^2_u + r'^2_v)^{\frac{1}{2}} \qquad l = p'_x - a_1 - a_2$$

$$c = k\,(r^2 - l^2)^{\frac{1}{2}}$$

$$d_1 = p'_z - \operatorname{sgn}\alpha_1\, c$$

$$\sin\alpha = c\,/\,r \qquad \sin\beta = -r'_v\,/\,r$$

$$\cos\alpha = l\,/\,r \qquad \cos\beta = r'_u\,/\,r$$

$$\sin\theta_3 = \sin\alpha\,\cos\beta + \cos\alpha\,\sin\beta$$

$$\cos\theta_3 = \cos\alpha\,\cos\beta - \sin\alpha\,\sin\beta$$

Singularitäten

$r = 0$ => reduzierte Stellung (θ_3 frei wählbar)

$r < |l|$ => unerreichbare Stellung

Alternativstellungen

$k = +1$ => $0 \le \alpha \le \pi$

$k = -1$ => $-\pi \le \alpha \le 0$

Kosten

1 Wurzel, 1 Division, 12 Multiplikationen, 7 Additionen

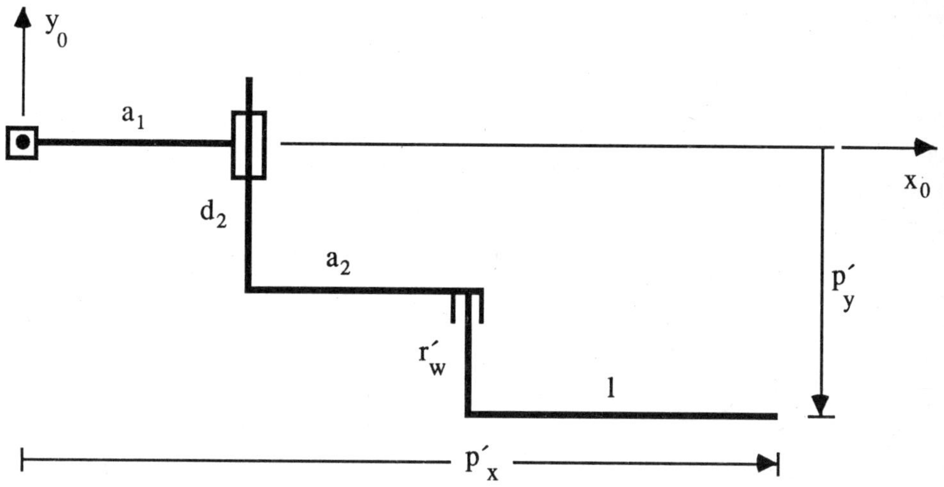

Bild 4.17a: Projektion von ZYB in die x_0y_0-Ebene

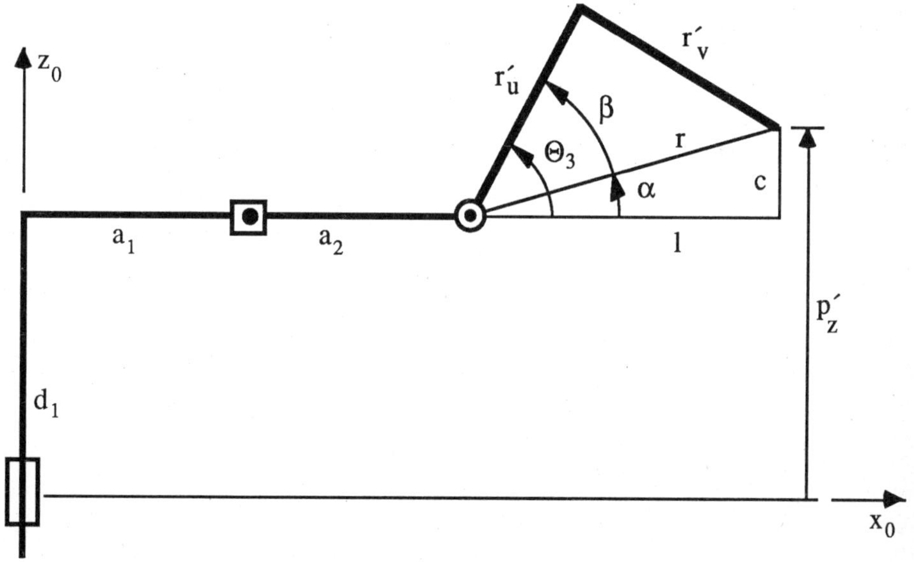

Bild 4.17b: Projektion von ZYB in die x_0z_0-Ebene

4.3.5.2 Hauptstruktur ZBY

Konstante Winkel: $\alpha_1 = \pm\pi/2$, $\alpha_2 = 0$, $\theta_1 = 0$

Gelenkvariablen : d_1, θ_2, d_3

Lösungsformeln

$$d_3 = -\operatorname{sgn}\alpha_1 \, p'_y - d_2 - r'_w$$

$$r = ((a_2 + r'_u)^2 + r'^2_v)^{\frac{1}{2}} \qquad l = p'_x - a_1$$

$$c = k\,(r^2 - l^2)^{\frac{1}{2}}$$

$$d_1 = p'_z - \operatorname{sgn}\alpha_1 \, c$$

$$\sin\alpha = c \,/\, r \qquad \sin\beta = -r'_v \,/\, r$$

$$\cos\alpha = l \,/\, r \qquad \cos\beta = (a_2 + r'_u) \,/\, r$$

$$\sin\theta_2 = \sin\alpha\,\cos\beta + \cos\alpha\,\sin\beta$$

$$\cos\theta_2 = \cos\alpha\,\cos\beta - \sin\alpha\,\sin\beta$$

Singularitäten

$r = 0$ => reduzierte Stellung (θ_2 frei wählbar)

$r < |l|$ => unerreichbare Stellung

Alternativstellungen

$k = +1$ => $0 \le \alpha \le \pi$

$k = -1$ => $-\pi \le \alpha \le 0$

Kosten

1 Wurzel, 1 Division, 12 Multiplikationen, 9 Additionen

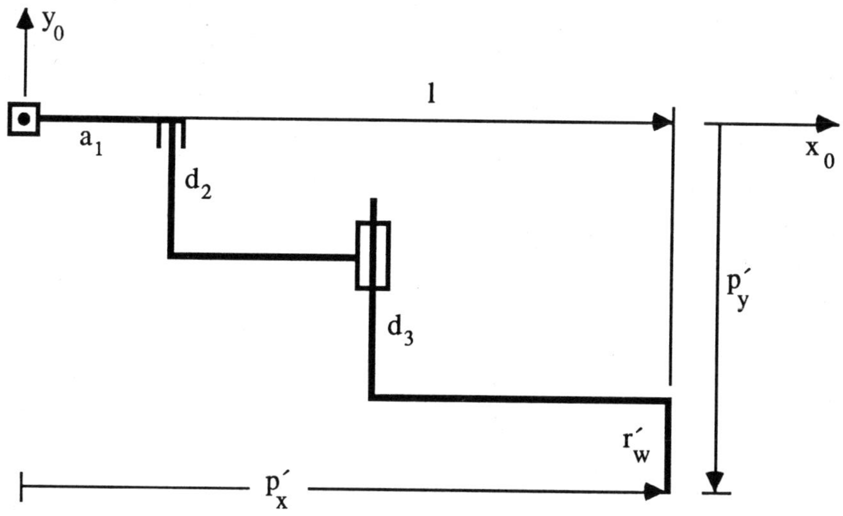

Bild 4.18a: Projektion von ZBY in die x_0y_0-Ebene

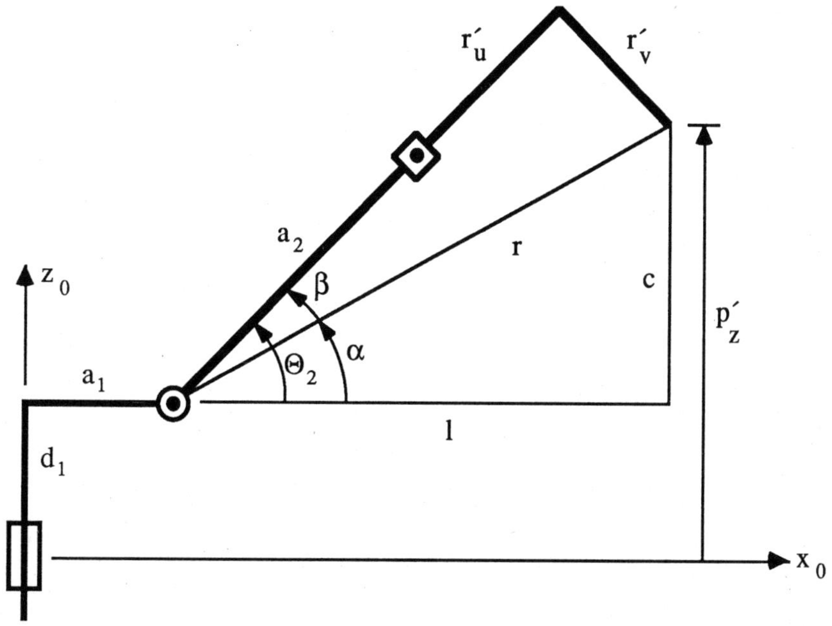

Bild 4.18b: Projektion von ZBY in die x_0z_0-Ebene

4.3.5.3 Hauptstruktur CYB

Konstante Winkel: $\alpha_1 = \pm\pi/2$, $\alpha_2 = 0$, $\theta_2 = 0$

Gelenkvariablen : θ_1, d_2, θ_3

Lösungsformeln

$$p = (p_x'^2 + p_y'^2)^{\frac{1}{2}} \qquad r = (r_u'^2 + r_v'^2)^{\frac{1}{2}}$$

$$c = \mathrm{sgn}\alpha_1 \, (p_z' - d_1)$$

$$l = k_1 \, (r^2 - c^2)^{\frac{1}{2}}$$

$$a = a_1 + a_2 + l$$

$$d_2 = k_2 \, (p^2 - a^2)^{\frac{1}{2}} - r_w'$$

$\sin\alpha = p_y' \,/\, p$	$\sin\gamma = c \,/\, r$
$\cos\alpha = p_x' \,/\, p$	$\cos\gamma = l \,/\, r$
$\sin\beta = \mathrm{sgn}\alpha_1 \, (d_2 + r_w') \,/\, p$	$\sin\delta = -r_v' \,/\, r$
$\cos\beta = a \,/\, p$	$\cos\delta = r_u' \,/\, r$
$\sin\theta_1 = \sin\alpha \cos\beta + \cos\alpha \sin\beta$	$\sin\theta_3 = \sin\gamma \cos\delta + \cos\gamma \sin\delta$
$\cos\theta_1 = \cos\alpha \cos\beta - \sin\alpha \sin\beta$	$\cos\theta_3 = \cos\gamma \cos\delta - \sin\gamma \sin\delta$

Singularitäten

$p = 0$	=>	reduzierte Stellung (θ_1 frei wählbar)
$r = 0$	=>	reduzierte Stellung (θ_3 frei wählbar)
$p < \lvert a \rvert$	=>	unerreichbare Stellung
$r < \lvert c \rvert$	=>	unerreichbare Stellung

Alternativstellungen

$k_1 = +1$,	$\mathrm{sgn}\alpha_1 \, k_2 = +1$	=>	$\lvert\gamma\rvert \le \pi/2$,	$0 \le \beta \le \pi/2$
$k_1 = +1$,	$\mathrm{sgn}\alpha_1 \, k_2 = -1$	=>	$\lvert\gamma\rvert \le \pi/2$,	$-\pi/2 \le \beta \le 0$
$k_1 = -1$,	$\mathrm{sgn}\alpha_1 \, k_2 + +1$	=>	$\lvert\gamma\rvert \ge \pi/2$,	$0 \le \beta \le \pi$
$k_1 = -1$,	$\mathrm{sgn}\alpha_1 \, k_2 = -1$	=>	$\lvert\gamma\rvert \ge \pi/2$,	$-\pi \le \beta \le 0$

Kosten

2 Wurzeloperationen, 2 Divisionen, 22 Multiplikationen, 11 Additionen

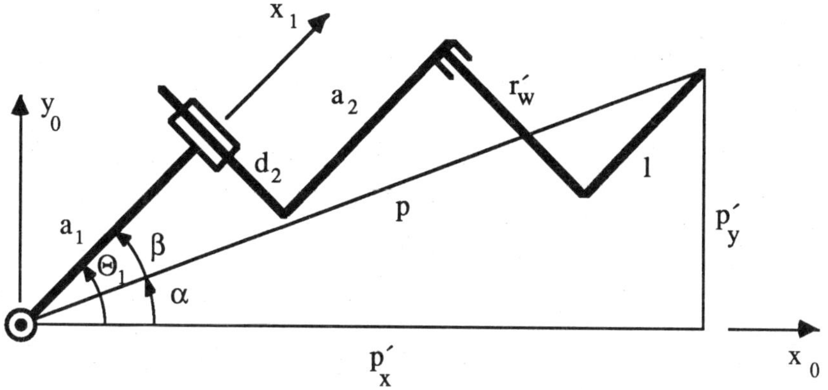

Bild 4.19a: Projektion von CYB in die x_0y_0-Ebene

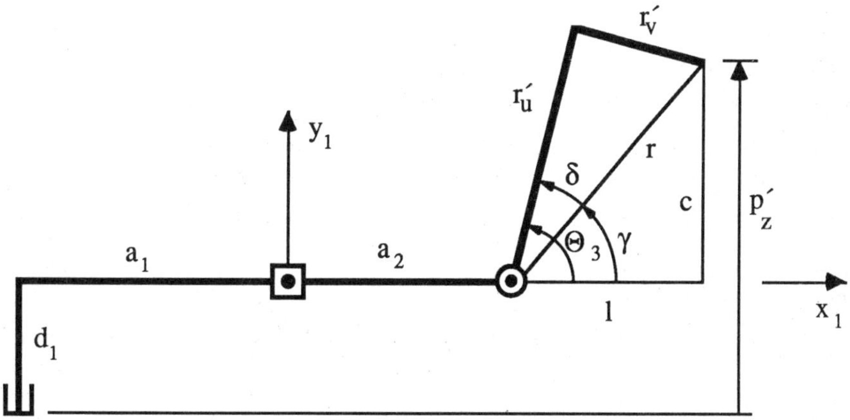

Bild 4.19b: Projektion von CYB in die x_1y_1-Ebene

4.3.5.4 Hauptstruktur CBY

Konstante Winkel: $\alpha_1 = \pm\pi/2$, $\alpha_2 = 0$

Gelenkvariablen : θ_1, θ_2, d_3

Lösungsformeln

$p = (p_x'^2 + p_y'^2)^{\frac{1}{2}}$ $\qquad$ $r = ((a_2 + r_u')^2 + r_v'^2)^{\frac{1}{2}}$

$$c = \operatorname{sgn}\alpha_1 \, (p_z' - d_1)$$
$$l = k_1 \, (r^2 - c^2)^{\frac{1}{2}}$$
$$a = a_1 + l$$
$$d_3 = k_2 \, (p^2 - a^2)^{\frac{1}{2}} - d_2 - r_w'$$

$\sin\alpha = p_y' / p$	$\sin\gamma = c / r$
$\cos\alpha = p_x' / p$	$\cos\gamma = l / r$
$\sin\beta = \operatorname{sgn}\alpha_1 \, (d_2 + d_3 + r_w') / p$	$\sin\delta = -r_v' / r$
$\cos\beta = a / p$	$\cos\delta = (a_2 + r_u') / r$
$\sin\theta_1 = \sin\alpha \cos\beta + \cos\alpha \sin\beta$	$\sin\theta_2 = \sin\gamma \cos\delta + \cos\gamma \sin\delta$
$\cos\theta_1 = \cos\alpha \cos\beta - \sin\alpha \sin\beta$	$\cos\theta_2 = \cos\gamma \cos\delta - \sin\gamma \sin\delta$

Singularitäten

$p = 0$	=>	reduzierte Stellung (θ_1 frei wählbar)
$r = 0$	=>	reduzierte Stellung (θ_2 frei wählbar)
$p < \lvert a \rvert$	=>	unerreichbare Stellung
$r < \lvert c \rvert$	=>	unerreichbare Stellung

Alternativstellungen

$k_1 = +1$,	$\operatorname{sgn}\alpha_1 \, k_2 = +1$	=>	$\lvert\gamma\rvert \le \pi/2$,	$0 \le \beta \le \pi/2$
$k_1 = +1$,	$\operatorname{sgn}\alpha_1 \, k_2 = -1$	=>	$\lvert\gamma\rvert \le \pi/2$,	$-\pi/2 \le \beta \le 0$
$k_1 = -1$,	$\operatorname{sgn}\alpha_1 \, k_2 + +1$	=>	$\lvert\gamma\rvert \ge \pi/2$,	$0 \le \beta \le \pi$
$k_1 = -1$,	$\operatorname{sgn}\alpha_1 \, k_2 = -1$	=>	$\lvert\gamma\rvert \ge \pi/2$,	$-\pi \le \beta \le 0$

Kosten

2 Wurzeloperationen, 2 Divisionen, 22 Multiplikationen, 13 Additionen

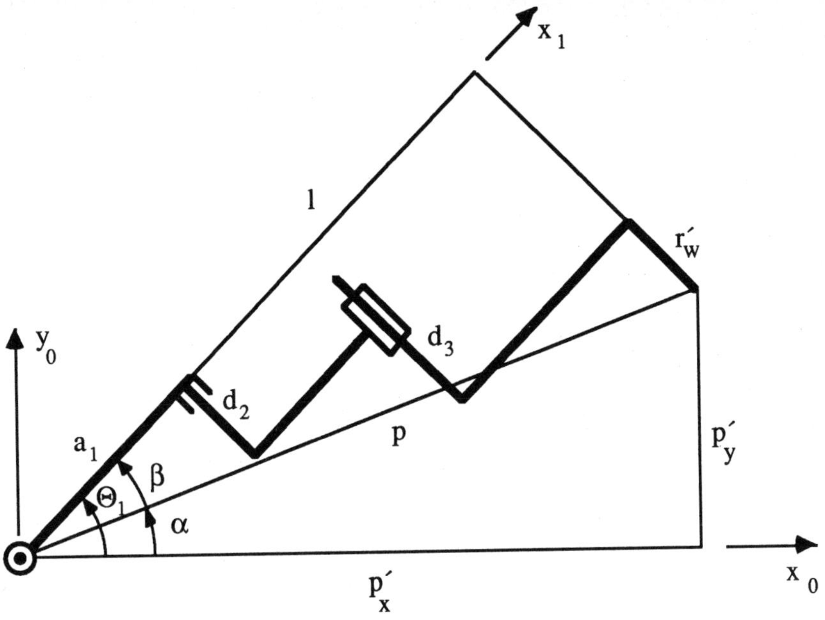

Bild 4.20a: Projektion von CBY in die x_0y_0-Ebene

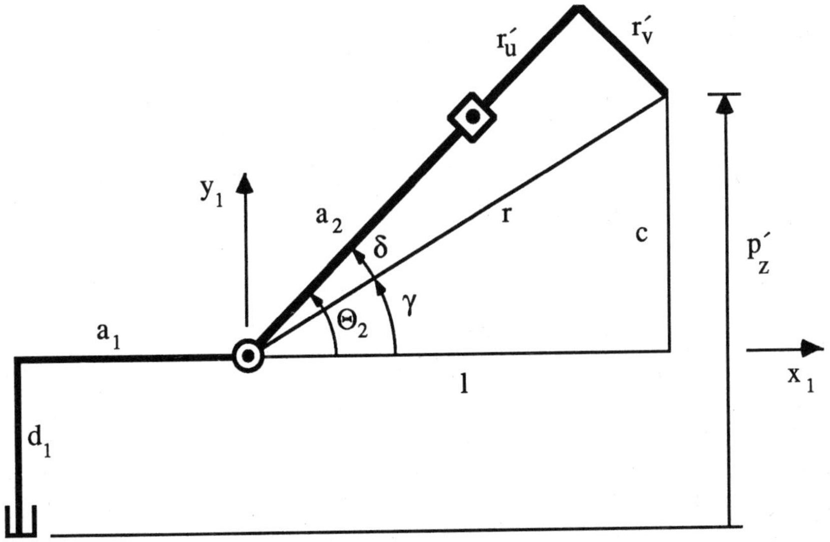

Bild 4.20b: Projektion von CBY in die x_1y_1-Ebene

4.3.5.5 Hauptstruktur CBB

Konstante Winkel: $\alpha_1 = \pm\pi/2,\ \alpha_2 = 0$

Gelenkvariablen : $\theta_1,\ \theta_2,\ \theta_3$

Lösungsformeln

$p = (p_x'^2 + p_y'^2)^{\frac{1}{2}}$ $\qquad$ $r = (r_u'^2 + r_v'^2)^{\frac{1}{2}}$

$c = \mathrm{sgn}\alpha_1\ (p_z' - d_1)$

$l = k_1\ (p^2 - (d_2 + r_w')^2)^{\frac{1}{2}} - a_1$

$s = (l^2 + c^2)^{\frac{1}{2}}$

$\sin\gamma = c\ /\ s$	$\sin\varepsilon = -r_v'\ /\ r$
$\cos\gamma = l\ /\ s$	$\cos\varepsilon = r_u'\ /\ r$
$\cos\delta = (a_2^2 + s^2 - r^2)\ /\ (2\ a_2\ s)$	$\cos\zeta = (-a_2^2 + s^2 - r^2)\ /\ (2\ a_2\ r)$
$\sin\delta = -k_2\ (1 - \cos^2\delta)^{\frac{1}{2}}$	$\sin\zeta = +k_2\ (1 - \cos^2\zeta)^{\frac{1}{2}}$
$\sin\theta_2 = \sin\gamma\ \cos\delta + \cos\gamma\ \sin\delta$	$\sin\theta_3 = \sin\varepsilon\ \cos\zeta + \cos\varepsilon\ \sin\zeta$
$\cos\theta_2 = \cos\gamma\ \cos\delta - \sin\gamma\ \sin\delta$	$\cos\theta_3 = \cos\varepsilon\ \cos\zeta - \sin\varepsilon\ \sin\zeta$
$\sin\alpha = p_y'\ /\ p$	$\sin\beta = \mathrm{sgn}\alpha_1\ (d_2 + r_w')\ /\ p$
$\cos\alpha = p_x'\ /\ p$	$\cos\beta = (a_1 + l)\ /\ p$
$\sin\theta_1 = \sin\alpha\ \cos\beta + \cos\alpha\ \sin\beta$	$\cos\theta_1 = \cos\alpha\ \cos\beta - \sin\alpha\ \sin\beta$

Singularitäten

$a_2 = 0$	=>	degenerierte Struktur
$p = 0$	=>	reduzierte Stellung (θ_1 frei wählbar)
$s = 0$	=>	reduzierte Stellung (θ_2 frei wählbar)
$r = 0$	=>	reduzierte Stellung (θ_3 frei wählbar)
$p < \lvert d_2 + r_w' \rvert$	=>	unerreichbare Stellung
$s > a_2 + r$	=>	unerreichbare Stellung
$s < \lvert a_2 - r \rvert$	=>	unerreichbare Stellung

Alternativstellungen

$k_1 = +1,$	$k_2 = +1$	=>	$\lvert\beta\rvert \le \pi/2,$		$-\pi \le \delta \le 0 \le \zeta \le \pi$
$k_1 = +1,$	$k_2 = -1$	=>	$\lvert\beta\rvert \le \pi/2,$		$-\pi \le \zeta \le 0 \le \delta \le \pi$
$k_1 = -1,$	$k_2 = +1$	=>	$\lvert\beta\rvert \ge \pi/2,$	$\lvert\gamma\rvert \ge \pi/2,$	$-\pi \le \delta \le 0 \le \zeta \le \pi$
$k_1 = -1,$	$k_2 = -1$	=>	$\lvert\beta\rvert \ge \pi/2,$	$\lvert\gamma\rvert \ge \pi/2,$	$-\pi \le \zeta \le 0 \le \delta \le \pi$

Kosten

3 Wurzeloperationen, 3 Divisionen, 34 Multiplikationen, 18 Additionen

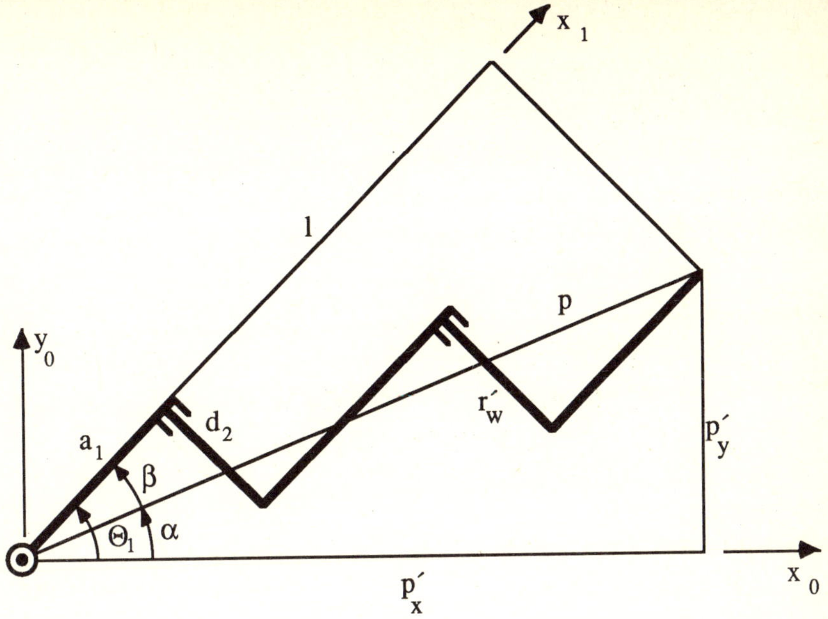

Bild 4.21a: Projektion von CBB in die x_0y_0-Ebene

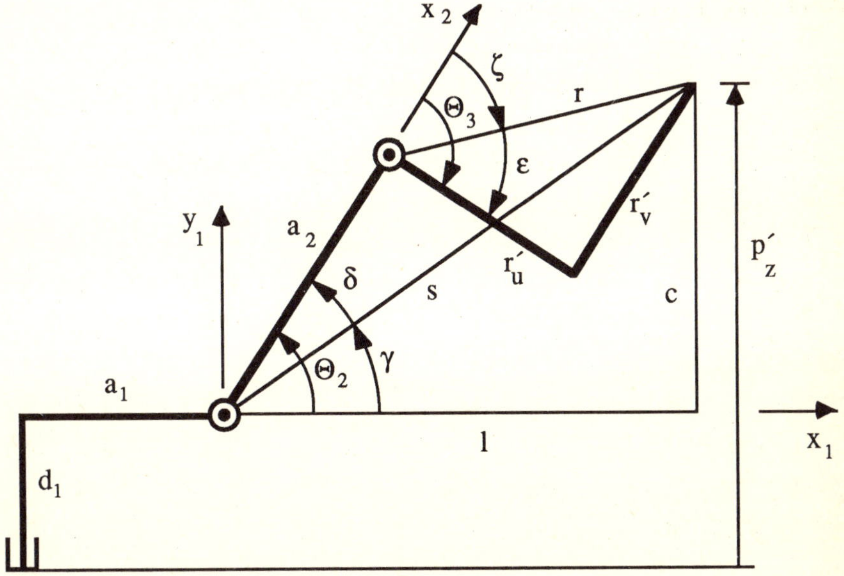

Bild 4.21b: Projektion von CBB in die x_1y_1-Ebene

4.3.6 Achsstruktur WVU

4.3.6.1 Hauptstruktur ZYX ("kartesischer Roboter")

Konstante Winkel: $\alpha_1 = \pm\pi/2$, $\alpha_2 = \pm\pi/2$, $\theta_1 = 0$, $\theta_2 = \pm\pi/2$
Gelenkvariablen : d_1, d_2, d_3

Lösungsformeln

$$d_1 = p'_z - \operatorname{sgn}\alpha_1 \operatorname{sgn}\theta_2 (a_2 + r'_u)$$
$$d_2 = - \operatorname{sgn}\alpha_1 p'_y - \operatorname{sgn}\alpha_2 r'_v$$
$$d_3 = \operatorname{sgn}\theta_2 \operatorname{sgn}\alpha_2 (p'_x - a_1) - r'_w$$

Singularitäten

keine

Alternativstellungen

keine

Kosten

4 Multiplikationen, 5 Additionen

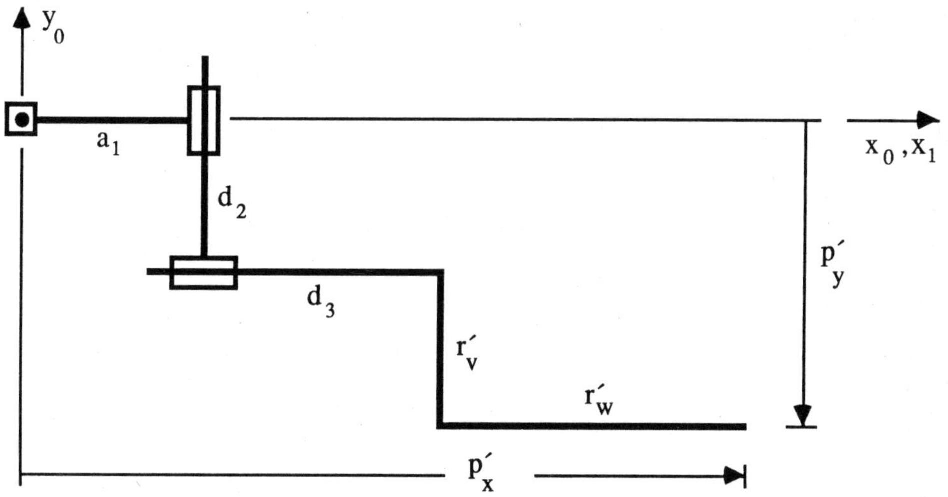

Bild 4.22a: Projektion von ZYX in die x_0y_0-Ebene

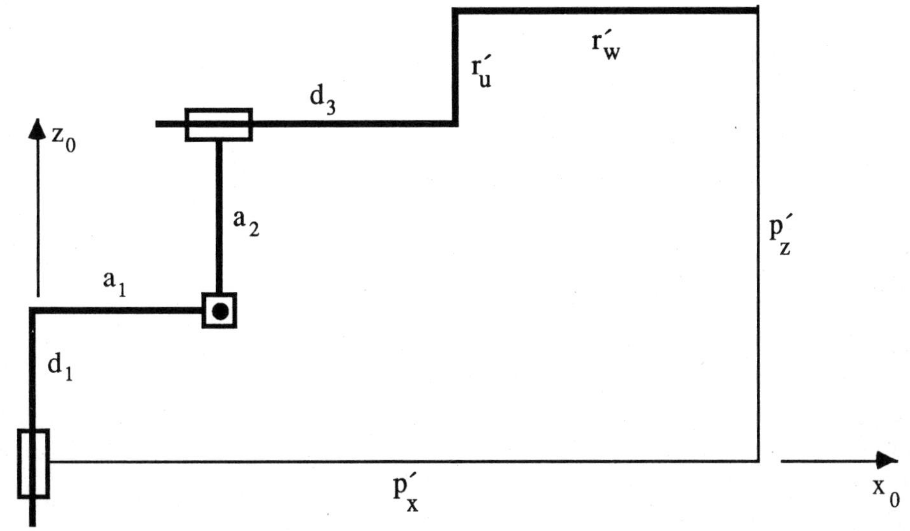

Bild 4.22b: Projektion von ZYX in die x_0z_0-Ebene

4.3.6.2 Hauptstruktur CYA

Konstante Winkel: $\alpha_1 = \pm\pi/2$, $\alpha_2 = \pm\pi/2$, $\theta_2 = \pm\pi/2$

Gelenkvariablen : θ_1, d_2, θ_3

Lösungsformeln

$p = (p_x'^2 + p_y'^2)^{\frac{1}{2}}$ $\qquad$ $r = (r_u'^2 + r_v'^2)^{\frac{1}{2}}$

$$l = \mathrm{sgn}\alpha_1 \, \mathrm{sgn}\theta_2 \, (p_z' - d_1) - a_2$$

$$c = k_1 \, (r^2 - l^2)^{\frac{1}{2}}$$

$$a = a_1 + \mathrm{sgn}\theta_2 \, \mathrm{sgn}\alpha_2 \, r_w'$$

$$d_2 = k_2 \, (p^2 - a^2)^{\frac{1}{2}} - \mathrm{sgn}\alpha_2 \, c$$

$\sin\alpha = p_y' / p$	$\sin\gamma = c / r$
$\cos\alpha = p_x' / p$	$\cos\gamma = l / r$
$\sin\beta = \mathrm{sgn}\alpha_1 \, (d_2 + \mathrm{sgn}\alpha_2 \, c) / p$	$\sin\delta = -r_v' / r$
$\cos\beta = a / p$	$\cos\delta = r_u' / r$
$\sin\theta_1 = \sin\alpha \cos\beta + \cos\alpha \sin\beta$	$\sin\theta_3 = \sin\gamma \cos\delta + \cos\gamma \sin\delta$
$\cos\theta_1 = \cos\alpha \cos\beta - \sin\alpha \sin\beta$	$\cos\theta_3 = \cos\gamma \cos\delta - \sin\gamma \sin\delta$

Singularitäten

$p = 0$	=>	reduzierte Stellung (θ_1 frei wählbar)
$r = 0$	=>	reduzierte Stellung (θ_3 frei wählbar)
$p < \|a\|$	=>	unerreichbare Stellung
$r < \|l\|$	=>	unerreichbare Stellung

Alternativstellungen

$k_1 = +1$,	$\mathrm{sgn}\alpha_1 \, k_2 = +1$	=>	$0 \le \gamma \le \pi$,	$0 \le \beta \le \pi$
$k_1 = +1$,	$\mathrm{sgn}\alpha_1 \, k_2 = -1$	=>	$0 \le \gamma \le \pi$,	$-\pi \le \beta \le 0$
$k_1 = -1$,	$\mathrm{sgn}\alpha_1 \, k_2 = +1$	=>	$-\pi \le \gamma \le 0$,	$0 \le \beta \le \pi$
$k_1 = -1$,	$\mathrm{sgn}\alpha_1 \, k_2 = -1$	=>	$-\pi \le \gamma \le 0$,	$-\pi \le \beta \le 0$

Kosten

2 Wurzeloperationen, 2 Divisionen, 24 Multiplikationen, 12 Additionen

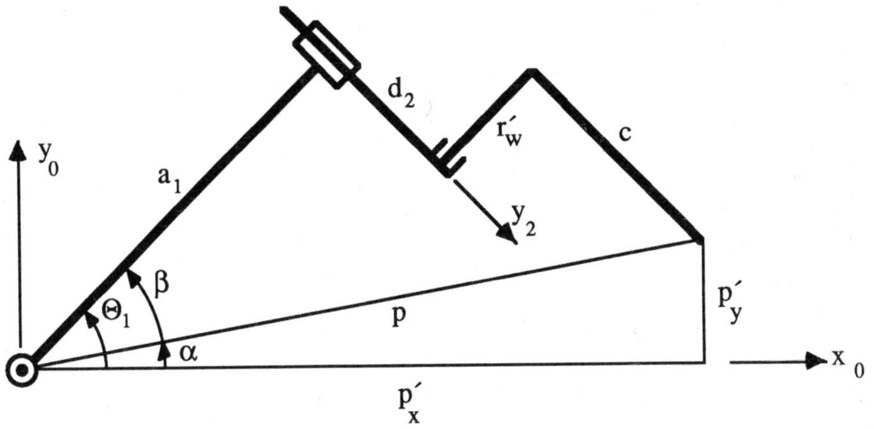

Bild 4.23a: Projektion von CYA in die x_0y_0-Ebene

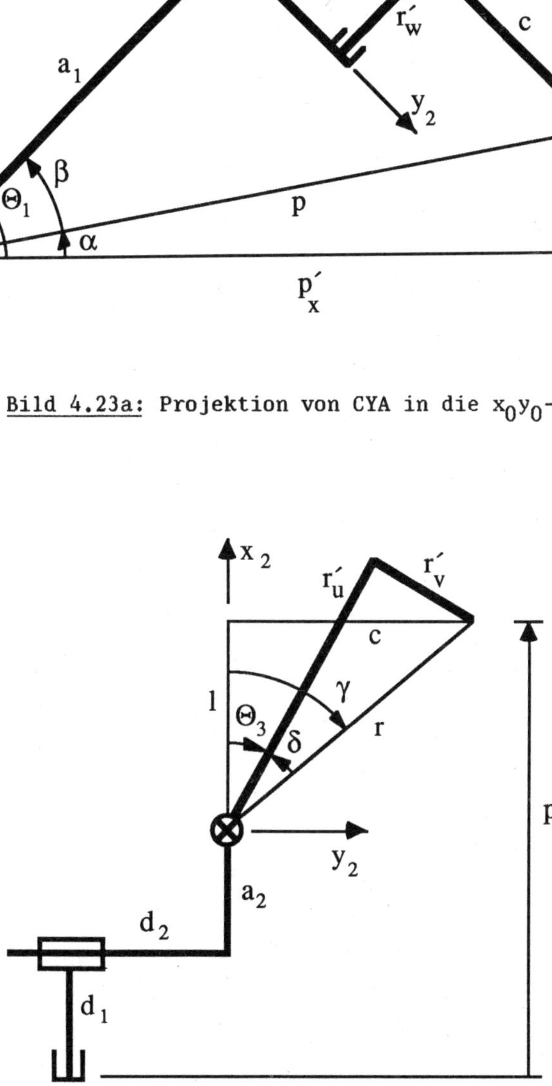

Bild 4.23b: Projektion von CYA in die x_2y_2-Ebene

4.3.7 Kostenvergleich

In der nachstehenden Tabelle sind die arithmetischen Kosten für die Berechnung der Positionsvariablen zusammengefaßt; außerdem wird für jede Hauptstruktur die Zahl der möglichen Gelenkstellungen pro Bahnpunkt angegeben. Es zeigt sich, daß der Rechenaufwand mit der Zahl der Drehachsen anwächst: der kartesische Roboter ZYX erfordert den geringsten Aufwand, während die nur aus Drehachsen bestehenden Strukturen CCB, CBC und CBB die größten Kosten verursachen.

Hauptstruktur	Wurzeln	Div.	Mul.	Add.	Stellungen
ZCC	2	2	22	14	2
CZC	2	2	22	13	2
CCZ	2	2	22	14	2
ZCY	1	1	12	9	2
CZY	1	1	12	8	2
ZCB	2	2	22	12	4
CZB	2	2	22	11	4
CCB	3	3	32	17	4
ZYC	1	1	13	7	2
CYZ	1	1	13	8	2
ZBC	2	2	24	12	4
CBZ	2	2	24	13	4
CBC ($a_1 = 0$)	2	3	40	20	4
CBC ($a_2 = 0$)	3	3	42	23	4
ZYB	1	1	12	7	2
ZBY	1	1	12	9	2
CYB	2	2	22	11	4
CBY	2	2	22	13	4
CBB	3	3	34	18	4
ZYX	0	0	4	5	1
CYA	2	2	24	12	4

4.4 Bestimmung der Orientierungsvariablen aus der Rotationsmatrix

In diesem Abschnitt werden die Orientierungsvariablen θ_4, θ_5, θ_6 aus den Elementen der Rotationsmatrix M bestimmt, die in Schritt 5 des Transformationsalgorithmus berechnet wurde:

$$A_4(\theta_4)\ A_5(\theta_5)\ A_{6v}(\theta_6) = M$$

M ist eine homogene Transformationsmatrix mit Translationsvektor $\underline{p}$ und den drei orthonormalen Spaltenvektoren $\underline{n}$, $\underline{o}$ und $\underline{a}$, deren Berechnung in Abschnitt 3.3.3 diskutiert wurde:

$$M = \begin{bmatrix} n_x & o_x & a_x & p_x \\ n_y & o_y & a_y & p_y \\ n_z & o_z & a_z & p_z \\ 0 & 0 & 0 & 1 \end{bmatrix}$$

Wie bereits in Abschnitt 4.1 erwähnt, ist von den möglichen Nebenstrukturen nur diejenige mit $\alpha_4 = \pm\pi/2$ und $\alpha_5 = \pm\pi/2$ kinematisch sinnvoll. Der Kreuzungswinkel α_6 kann beliebige Werte annehmen, da er nur in der konstanten Transformationsmatrix A_{6c} auftritt (siehe Abschnitt 3.1) und somit auf die Berechnung der Orientierungsvariablen keinen Einfluß hat. A_4, A_5 und A_{6v} haben also nach Gleichung (2.10) folgende Form (Sinus und Cosinus sind wieder mit s bzw. c abgekürzt):

$$A_4 = \begin{bmatrix} c\theta_4 & 0 & s\theta_4 s\alpha_4 & c\theta_4 a_4 \\ s\theta_4 & 0 & -c\theta_4 s\alpha_4 & s\theta_4 a_4 \\ 0 & s\theta_4 & 0 & d_4 \\ 0 & 0 & 0 & 1 \end{bmatrix}$$

$$A_5 = \begin{bmatrix} c\theta_5 & 0 & s\theta_5 s\alpha_5 & c\theta_5 a_5 \\ s\theta_5 & 0 & -c\theta_5 s\alpha_5 & s\theta_5 a_5 \\ 0 & s\theta_5 & 0 & d_5 \\ 0 & 0 & 0 & 1 \end{bmatrix}$$

$$A_{6v} = \begin{bmatrix} c\theta_6 & -s\theta_6 & 0 & 0 \\ s\theta_6 & c\theta_6 & 0 & 0 \\ 0 & 0 & 1 & 0 \\ 0 & 0 & 0 & 1 \end{bmatrix}$$

Nach zweimaliger Matrizenmultiplikation erhalten wir

$$A_4A_5A_{6v} = \begin{bmatrix} c\theta_4c\theta_5c\theta_6+s\theta_4s\alpha_4s\alpha_5s\theta_6 & -c\theta_4c\theta_5s\theta_6+s\theta_4s\alpha_4s\alpha_5c\theta_6 & c\theta_4s\theta_5s\alpha_5 & ? \\ s\theta_4c\theta_5c\theta_6-c\theta_4s\alpha_4s\alpha_5s\theta_6 & -s\theta_4c\theta_5s\theta_6-c\theta_4s\alpha_4s\alpha_5c\theta_6 & s\theta_4s\theta_5s\alpha_5 & ? \\ s\alpha_4s\theta_5c\theta_6 & -s\alpha_4s\theta_5s\theta_6 & -s\alpha_4c\theta_5s\alpha_5 & ? \\ 0 & 0 & 0 & 1 \end{bmatrix}$$

Die Elemente des Translationsvektors sind hier nicht von Interesse, weil nach Voraussetzung nur rotatorische Information für die Bestimmung der Orientierunsvariablen herangezogen werden soll. Der Vergleich mit M liefert die Lösungsformeln; dabei wird von der Tatsache Gebrauch gemacht, daß

$$\sin\alpha_4 = \operatorname{sgn}\alpha_4 \qquad \sin\alpha_5 = \operatorname{sgn}\alpha_5 \qquad \operatorname{sgn}^2\alpha_i = 1$$

Lösungsformeln

$$\begin{aligned} \cos\theta_5 &= -\operatorname{sgn}\alpha_4 \operatorname{sgn}\alpha_5\, a_z \\ \sin\theta_5 &= k\,(1 - \cos^2\theta_5)^{\frac{1}{2}} \\ \cos\theta_4 &= \operatorname{sgn}\alpha_5\, a_x \,/\, \sin\theta_5 \\ \sin\theta_4 &= \operatorname{sgn}\alpha_5\, a_y \,/\, \sin\theta_5 \\ \cos\theta_6 &= -\operatorname{sgn}\alpha_4 \operatorname{sgn}\alpha_5\, (\cos\theta_4\, o_y - \sin\theta_4\, o_x) \\ \sin\theta_6 &= -\operatorname{sgn}\alpha_4 \operatorname{sgn}\alpha_5\, (\cos\theta_4\, n_y - \sin\theta_4\, n_x) \end{aligned}$$

Singularitäten

$|a_z| = 1$ => reduzierte Stellung (θ_4 frei wählbar)

Alternativstellungen

$k = +1$ => $0 \le \theta_5 \le \pi$

$k = -1$ => $-\pi \le \theta_5 \le 0$

Kosten

1 Wurzeloperation, 1 Division, 12 Multiplikationen, 3 Additionen

5. Entwurf und Aufbau eines modularen Koordinatentransformators

Dieses Kapitel stellt Entwurf und Aufbau eines Moduls vor, welches den Transformationsalgorithmus in Hardware und Software realisiert. Das Prinzip eines derartigen *Koordinatentransformators* zeigt Bild 5.1: im Takt der Bahnabtastung fließen die Bahnpunkte als Greifermatrizen T_6 in Weltkoordinaten in das Modul hinein und verlassen dieses wieder in Gelenkkoordinaten. Der Koordinatentransformator erhält seine Information über die kinematische Struktur des jeweiligen Roboters durch dessen Denavit-Hartenberg-Parameter; durch Umladen dieses Parametersatzes kann das Modul für alle orthogonalen kinematischen Strukturen genutzt werden. Im folgenden werden nach einer Erörterung des Begriffs "Rechnerarchitektur" die Anforderungen an die Architektur des Koordinatentransformators diskutiert; daran anschließend wird eine prototypische Realisierung vorgestellt.

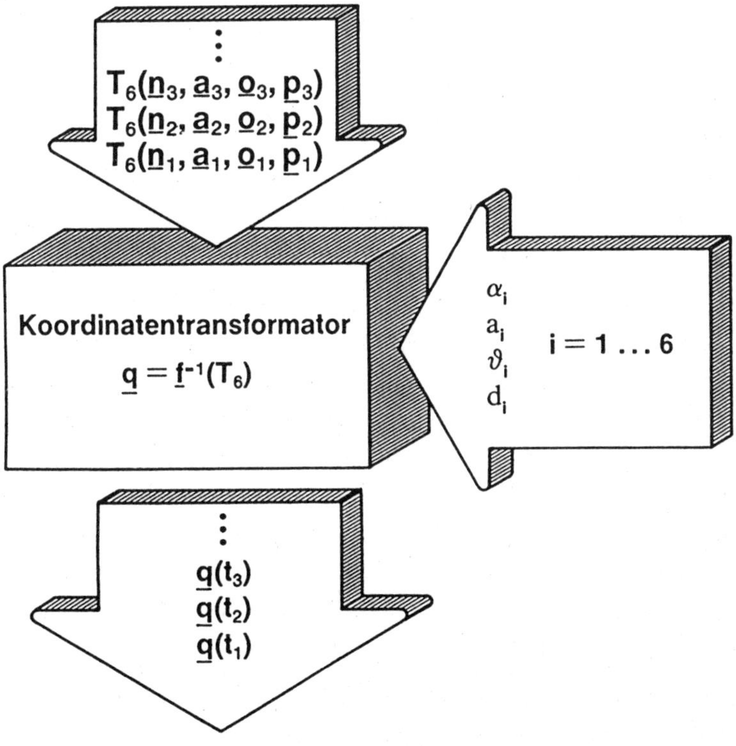

Bild 5.1: Modularer Koordinatentransformator

5.1 Anmerkungen zum Begriff "Rechnerarchitektur"

Mit dem Aufkommen von Halbleiterbausteinen mit immer höherer Integrationsdichte ist heute die Entwicklung spezieller Rechnerarchitekturen auch für solche Probleme sinnvoll geworden, bei denen noch vor wenigen Jahren ein derartiger Lösungsweg zu zeit- und kostenaufwendig gewesen wäre. Die Kehrseite dieser Medaille zeigt sich allerdings im raschen Veralten einer einmal realisierten Architektur; die schnelle technische Entwicklung erzwingt eine ständige Neubewertung bestehender Konzepte.

Nun könnte man einwenden, Architekturkonzepte seien unabhängig von den Mitteln, mit denen sie verwirklicht würden. Dies trifft jedoch nicht zu. So ist beispielsweise die Frage, ob die Prozessoren eines Mehrrechnersystems über gemeinsame Variable oder über Nachrichtenaustausch miteinander kommunizieren sollen, nicht beantwortbar ohne Kenntnis von Busbandbreite, Zugriffshäufigkeit, Speicherzugriffszeit, Buszuteilungszeit und anderen Parametern, die alle von den Eigenschaften der verwendeten Halbleiterbausteine abhängen. Die Beantwortung einer derartigen Frage kann je nach Stand der Technik unterschiedlich ausfallen. Die zahlreichen Architekturkonzepte, die zur Zeit an Hochschulen und Forschungseinrichtungen der Industrie untersucht werden, sind Beleg dafür, daß es den "Königsweg" auf dem Gebiet der Rechnerarchitektur - zur Zeit jedenfalls - nicht gibt. Die Kunst des Rechnerarchitekten - und darin unterscheidet sich die *Rechner*architektur nicht vom überlieferten Architekturbegriff - besteht nun darin, mit den gegebenen technischen Mitteln eine im Sinne der Aufgabenstellung ausgewogene Lösung zu entwerfen. Technisch gesprochen sollte eine Rechnerarchitektur so konzipiert werden, daß bei mehreren parallelen Daten- und Steuerpfaden die Pfaddurchlaufzeiten (also die Zeiten zwischen zwei Synchronisationspunkten) etwa gleich lang sind; dadurch wird erreicht, daß alle Systemkomponenten - und nicht nur die im "kritischen Pfad" liegenden - gleichmäßig ausgelastet werden.

Welches sind nun die "gegebenen technischen Mittel"? In der Digitaltechnik sind dies *Hardware* (Speicherbausteine, Prozessoren, logische Gatter) und *Software* (Anweisungen zur arithmetischen und logischen Verknüpfung von Daten). Aber diese Einteilung - so vertraut sie auch sein mag - spiegelt eine begriffliche Genauigkeit vor, die es in Wirklichkeit längst nicht mehr gibt. Letztlich lassen sich Hardware- wie Software-Module als Implementierungen sequentieller Zustandsmaschinen auffassen, sind also ineinander überführbar, so daß zwischen Hardware und Software kein qualitativer Unterschied besteht. Vielmehr sind die Unterschiede quantitativer Art: Software-Module lassen sich mit Hilfe prozeduraler oder deklarativer Programmiersprachen auf höherer Abstraktionsebene spezifizieren als Hardware-Module, welche traditionell durch Schaltpläne und Zeitdiagramme beschrieben werden. Software läßt sich schneller ändern als Hardware, dafür sind Hardware-Lösungen um Größenordnungen schneller als vergleichbare Software-Lösungen.

Doch auch diese Unterschiede werden durch die rasante technische Entwicklung mehr und mehr nivelliert. Einerseits dringt Software in Form von Mikro- oder gar Nanoprogrammen (Motorola 68000) in Anwendungsbereiche vor, die früher allein dedizierter Hardware vorbehalten waren, andererseits werden Hardware-Bausteine heute mit Hilfe spezieller Beschreibungssprachen auf der gleichen Abstraktionsebene spezifiziert wie Software-Module. Die Hardware wird flexibel: es kommen immer mehr programmierbare und sogar löschbare Halbleiterbausteine mit teilweise mehreren tausend Gattern pro Baustein auf den Markt, die innerhalb weniger Minuten umprogrammiert werden können und dennoch dieselben Gatterdurchlaufzeiten wie festverdrahtete Bausteine aufweisen. Und es ist manchmal einfacher, die Hardware-Topologie zu ändern - sei es durch speziell dafür vorgesehene Mechanismen (z.B. "links" beim Inmos Transputer), sei es durch Änderung der Verdrahtung bei in Wire-Wrap-Technik aufgebauten Prototypen -, als ein Programm zu ändern, neu zu übersetzen und in einen nichtflüchtigen Speicher zu schreiben.

Die Grenzen zwischen Hardware und Software sind fließend geworden, worüber auch neue Begriffe wie "Firmware" nicht hinwegtäuschen können. Dies mag unter systematischen Gesichtspunkten unbefriedigend sein - ein Grund, warum von Zeit zu Zeit neue Taxonomien vorgeschlagen werden /Giloi 83/ -, ist aber andererseits ein Zeichen für die Dynamik der technischen Entwicklung. Immer mehr Software-Module werden durch spezielle Hardware-Lösungen ersetzt; das beste Beispiel dafür sind Arithmetikprozessoren, die ganze Gleitkommabibliotheken ersetzen. Manche Autoren fordern sogar, Hardware als ein genauso "flüchtiges" Medium zu betrachten wie Software; Bisiani et al. haben dafür den Begriff "throw-away hardware" geprägt /Bisiani 83/.

Auch im Bereich der Robotersteuerung setzt sich das Prinzip "Hardware für Software" zunehmend durch. Es sind naturgemäß vor allem die rechenintensiven, klar abgrenzbaren Teilprobleme, die das Interesse der Rechnerarchitekten finden. Hier ist an erster Stelle das inverse dynamische Problem zu nennen, also die Bestimmung der Gelenkkräfte und -momente aus den Greiferkräften und -momenten. In der Formulierung nach Newton-Euler eignet sich dieses Problem wegen seiner regulären, rekursiven Struktur gut für eine Hardware-Implementierung mit parallelen Rechenwerken, z.B. in Form von Vektorrechnern oder systolischen Feldrechnern. Mehrere Autoren haben das inverse dynamische Problem im Detail analysiert und eine Reihe effizienter Rechnerarchitekturen für dessen Lösung vorgeschlagen /Lathrop 85/, /Nigam 85/, /Lee 86/.

Demgegenüber hat das inverse *kinematische* Problem von Seiten der Rechnerarchitektur bisher vergleichsweise wenig Aufmerksamkeit gefunden. Tsai und Orin beschreiben einen Rechner zur Ausführung eines universellen Transformationsalgorithmus, der aus Bit-Slice-Komponenten der AMD-29300-Familie aufgebaut ist /Tsai 87/; die von den Autoren angegebenen Zahlenwerte sind allerdings nicht durch Messungen, sondern durch Software-Simulation der Rechnerarchitektur gewonnen worden. Ebenfalls vorerst nur auf dem Papier steht die von Leung und Shanblatt vorgestellte VLSI-Implementierung des *direkten* kinematischen Problems /Leung 87/.

Es steht jedoch zu erwarten, daß in Zukunft außer Kinematik und Dynamik auch andere rechenintensive Teilprobleme der Robotersteuerung wie Bahnplanung, Kollisionserkennung und -vermeidung, Achsregelung und Sensorsignalverarbeitung durch Spezialhardware in Echtzeit bearbeitet werden können; die vorliegende Arbeit will mit der nachfolgend vorgestellten Rechnerarchitektur für den Koordinatentransformator einen Beitrag dazu leisten.

5.2 Anforderungen an die Rechnerarchitektur

5.2.1 Genauigkeit

Die Zahl der signifikanten Dezimalstellen der Gelenkkoordinaten ist ein Maß für die geforderte Genauigkeit. Bei Drehachsen läßt sich der Vollkreis mit heutiger Meßtechnik in etwa 50000 Winkelinkremente auflösen; dafür werden sechs signifikante Stellen benötigt. Bei Schubachsen kann man mit sechs signifikanten Stellen noch Inkremente von 0,01 mm bei Abmessungen von 10 m darstellen. Eine einfach-genaue Zahldarstellung im 32-Bit-IEEE-Format hat etwa 7 signifikante Dezimalstellen und ist somit für die Berechnung der Gelenkkoordinaten geeignet /IEEE 84/.

Die doppelt-genaue Zahldarstellung im 64-Bit-IEEE-Format hat etwa 16 signifikante Dezimalstellen; ihre Verwendung wäre nur in der Nähe von Singularitäten von Vorteil. Eine genauere Zahldarstellung löst jedoch nicht grundsätzlich das Problem der numerischen Instabilität, sondern verringert lediglich den Radius des instabilen Gebiets um den singulären Punkt. Abhilfe könnten numerische Verfahren schaffen, die auf der neuen, von Kulisch entwickelten Rechnerarithmetik aufbauen /Kulisch 81/. Die Kulisch-Arithmetik benutzt fünf maximal genaue Elementaroperationen (zu den vier üblichen tritt das Skalarprodukt als fünfte hinzu) sowie kontrahierende Intervallrechnung, um Existenz, Eindeutigkeit und numerischen Wert einer Lösung *automatisch* nachzuweisen. Der Hardware- und Softwareaufwand zur Implementierung dieser Arithmetik - insbesondere zur Realisierung des maximal genauen Skalarprodukts - erscheint jedoch für das vorliegende Problem noch als unangemessen hoch, zumindest solange die Elementaroperationen nicht in Form von VLSI-Bausteinen verfügbar sind. Die numerischen Probleme in der Nähe singulärer Reduktionsstellungen lassen sich besser durch geeignete konstruktive Maßnahmen (Winkelhand statt Zentralhand) oder durch Interpolation in Gelenkkoordinaten /Mehner 86/ umgehen; eine derartige, "intelligente" Interpretation der vom Koordinatentransformator gelieferten Werte setzt jedoch Wissen um den Kontext voraus und kann somit nur Sache des übergeordneten Bahnplaners sein.

Aus den genannten Gründen wird in dieser Arbeit die einfach-genaue Gleitkommarechnung für die Koordinatentransformation verwendet. Mit der Gleitkommaarithmetik konkurrieren die ganzzahlige und die Festkommaarithmetik; ihr Vorteil liegt im Wegfall der Exponentenskalierung, ihr Nachteil in der Beschränkung des Wertebereichs. Bei heutigen Gleitkommabausteinen wird der Exponent durch schnelle Spezialhardware (*barrel shifter*) skaliert; der Geschwindigkeitsnachteil gegenüber Festkommabausteinen ist damit praktisch wettgemacht. Daher setzt sich die Gleitkommaarithmetik immer mehr auch in solchen Anwendungen durch, in denen sie - wie z.B. in der Signalverarbeitung - lange Zeit aus Effizienzgründen ausgeschlossen war.

5.2.2 Rechenleistung

Ausgangspunkt dieser Arbeit war die Forderung, eine Rechnerarchitektur zu entwickeln, welche die Koordinatentransformation innnerhalb 1 Millisekunde durchführt. Empirische Untersuchungen an Software-Modellen haben gezeigt, daß im Normalfall (die Bahnpunkte sind eng benachbart, der Roboter befindet sich nicht in der Nähe einer Singularität) 1 - 3 Zyklen des Transformationsalgorithmus zur Bestimmung der Lösung ausreichen; bei Robotern mit Zentralhand genügt stets 1 Zyklus, unabhängig davon, wie weit der anzufahrende Bahnpunkt entfernt liegt. Wir wollen daher im folgenden eine Rechenleistung von 3 Zyklen/Millisekunde fordern (in Wirklichkeit werden nur $2\frac{1}{2}$ Zyklen durchlaufen, doch wird der Aufwand für den fehlenden Halbzyklus durch den Initialisierungs- und Terminierungsaufwand in etwa ausgeglichen).

Wir müssen nun diese Forderung in die übliche MFLOPS-Schreibweise ("million floating-point operations per second") übertragen. Dazu müssen alle arithmetischen Operationen auf ein gemeinsames Maß - hier einfach *Gleitkommaoperation* genannt - zurückgeführt werden. Dies kann nicht losgelöst von der gewählten Rechnerarchitektur geschehen. Bei dem in diesem Kapitel beschriebenen Vektorprozessor ist der Rechenaufwand für eine Addition bzw. eine Multiplikation etwa gleich groß; daher zählen wir eine Addition bzw. eine Multiplikation als jeweils eine Gleitkommaoperation. Der Rechenaufwand für das Dividieren und das Wurzelziehen hängt davon ab, ob für diese vergleichsweise komplexen Operationen eigene Rechenwerke zur Verfügung stehen.

Ein Blick auf die Kostentabelle in Abschnitt 3.3.5 liefert einige Anhaltspunkte für eine sinnvolle Implementierung: je Iterationszyklus kommen im aufwendigsten Fall 180 Multiplikationen und 101 Additionen vor, aber nur 4 Wurzeloperationen und 4 Divisionen. Angesichts dieser Relationen erscheint der Einsatz spezieller Rechenwerke für Wurzeloperationen und Divisionen als unangemessen. Statt dessen könnte man die reziproken Operationen $1/x^{\frac{1}{2}}$ und $1/x$ tabellieren und dann die gewünschte Operation mit Hilfe der Beziehungen

$$a/b = a\ (1/b) \qquad \text{und} \qquad a^{\frac{1}{2}} = a\ (1/a^{\frac{1}{2}})$$

realisieren. Im 32-Bit-IEEE-Format mit einer Mantissenlänge von 24 Bit würde eine vollständige Tabellierung 2^{23} Einträge à 23 Bit verlangen (nicht 2^{24}, weil das höchstwertige Mantissenbit - das sogenannte *hidden bit* - immer 1 ist und somit nicht explizit gespeichert werden muß), für beide Tabellen zusammen etwa 48 MByte, auch im Zeitalter der Megabit-Speicherbausteine entschieden zuviel.

Mit Hilfe des Newton-Verfahrens und tabellierten Startwerten können wir jedoch einen vernünftigen Kompromiß zwischen Tabellengröße und Rechenaufwand schließen. Das Newton-Verfahren löst die Gleichung

$$f(x) = 0$$

iterativ durch Anwendung der Schrittfunktion $\phi(x)$

$$x_{n+1} = \phi(x_n) = x_n - f(x_n) \;/\; f'(x_n)$$

mit x_0, $f(x_0)$, $f'(x_0)$ gegeben. Liegt der Startwert x_0 nahe genug an der Lösung x, dann konvergiert die Folge $\{x_n\}$ quadratisch gegen x. In unserem Anwendungsfall, der Division 1/a, erhalten wir:

$$\begin{aligned} & x = 1/a \\ \Rightarrow \quad & f(x) = 1/x - a = 0 \\ \Rightarrow \quad & f'(x) = -\,1/x^2 \\ \Rightarrow \quad & \phi(x) = x\,(2 - a\,x) \end{aligned}$$

Wenn wir den Startwert $x_0 \approx 1/a$ auf 8 Bit genau tabellieren, benötigen wir nur 512 Byte Speicherplatz /Weitek 84a/. Bei quadratischer Konvergenz verdoppelt sich die Zahl der signifikanten Stellen mit jedem Iterationsschritt; daher genügen für eine einfach-genaue Division zwei Iterationsschritte (drei für doppelt-genaue Division). Somit lautet der Algorithmus für die Operation x = 1/a wie folgt:

$$\begin{aligned} x_0 &\approx 1/a \\ x_1 &= x_0\,(2 - a\,x_0) \\ x &= x_1\,(2 - a\,x_1) \end{aligned}$$

Wenn wir die Bildung des Startwerts als eine Gleitkommaoperation zählen, dann erfordert dieser Divisionsalgorithmus 7 Gleitkommaoperationen. Es bleibt anzumerken, daß dieser Algorithmus den Spezialfall der Kehrwertbildung realisiert (der Zähler ist immer 1); für eine allgemeine Division müßte der Kehrwert noch mit dem Zähler multipliziert werden. Bei der Kostenaufstellung in Abschnitt 3.3.5 wurden diese Multiplikationen mit dem Zähler bereits zu den anderen Multiplikationen hinzugezählt, so daß bei den Divisionen eine reine Kehrwertbildung gemeint ist. Es bleibt daher bei 7 Gleitkommaoperationen pro Division.

Der zweite Anwendungsfall, die reziproke Wurzeloperation $1/a^{\frac{1}{2}}$, wird durch folgende Gleichungen in iterativer Form dargestellt:

$$
\begin{aligned}
x &= 1/a^{\frac{1}{2}} \\
\Rightarrow \quad f(x) &= 1/x^2 - a = 0 \\
\Rightarrow \quad f'(x) &= - 2/x^3 \\
\Rightarrow \quad \phi(x) &= 0{,}5\ x\ (3 - a\ x^2)
\end{aligned}
$$

Mit der Tabellierung des Startwerts auf 8 Bit genau ergibt sich wieder ein Speicherbedarf von 512 Byte /Weitek 84b/. Der Algorithmus für die Wurzeloperation $b = a^{\frac{1}{2}}$ lautet dann:

$$
\begin{aligned}
x_0 &\approx 1/a^{\frac{1}{2}} \\
x_1 &= 0{,}5\ x_0\ (3 - a\ x_0^2) \\
x_2 &= 0{,}5\ x_1\ (3 - a\ x_1^2) \\
b &= a\ x_2
\end{aligned}
$$

Der Rechenaufwand für diesen Wurzelalgorithmus beträgt 12 Gleitkommaoperationen (die Startwertbildung wird wieder als eine Gleitkommaoperation gezählt).

Mit diesen Umformungen fallen demnach pro Iterationszyklus des Transformationsalgorithmus im aufwendigsten Fall (Hauptstruktur CBC mit $a_2 = 0$) insgesamt 357 Gleitkommaoperationen an. Bei drei Iterationszyklen wird also eine Rechenleistung von etwa 1 MFLOPS benötigt, um den Transformationsalgorithmus in 1 ms durchzuführen. Diese Rechenleistung muß durch eine geeignete Rechnerarchitektur zur Verfügung gestellt werden.

5.3 Realisierung als mikroprogrammierbarer Vektorprozessor

5.3.1 Hardware

Das Prinzipschaltbild des Koordinatentransformators zeigt Bild 5.2. Es handelt sich um eine sogenannte *Harvard-Architektur*, bei der Daten und Befehle über getrennte Busse transportiert werden. Im Gegensatz dazu werden bei der *von-Neumann-Architektur* Daten und Befehle über ein und denselben Bus transportiert. Die Harvard-Architektur hat also eine doppelt so große Bandbreite wie die von-Neumann-Architektur. Diese Bandbreite kann allerdings nur dann voll genutzt werden (Leistungsverdopplung), wenn Befehle und Daten in gleicher Menge vorkommen; bei datenintensiven Problemen (z.B. Übertragung großer Speicherblöcke im DMA-Betrieb) zahlt sich der zusätzliche Aufwand für einen eigenen Befehlsbus nicht aus. Bei der von-Neumann-Architektur entfällt die Unterscheidung zwischen Befehlen und Daten, so daß Programme andere Programme erzeugen und verändern können, eine Grundvoraussetzung für manche Programmiersprachen (z.B. LISP). Diese Flexibilität samt ihrer gefährlichen Variante selbstmodifizierender Programme bietet die Harvard-Architektur nicht; sie ist jedoch bei dem hier vorliegenden Problem auch nicht gefordert, so daß wir die Bandbreitenerhöhung der Harvard-Architektur als Mittel zur Leistungssteigerung einsetzen können. Interessanterweise besitzen mittlerweile auch manche von-Neumann-Prozessoren intern eine Harvard-Architektur, so z.B. der 68030 von Motorola oder der "Clipper" von Fairchild.

Betrachten wir zunächst den Datenpfad des Koordinatentransformators. Als zentrale (und den Durchsatz begrenzende) Elemente sind zwei parallel arbeitende Gleitkommabausteine der Firma Weitek angeordnet, ein Multiplizierer WTL 2264 und ein Addierer WTL 2265 /Weitek 86b/. Beide Rechenwerke können sowohl einfach- als auch doppelt-genaue Gleitkommazahlen verarbeiten; sie sind für Pipeline-Betrieb ausgelegt, d.h. es können neue Operationen eingeleitet werden, bevor das Ergebnis der vorhergehenden Operation am Ausgang des jeweiligen Rechenwerks anliegt. Der Multiplizierer hat sechs, der Addierer acht Pipeline-Stufen. Die Durchlaufzeit durch eine Stufe beträgt bei der vorliegenden Implementierung 125 ns, somit können in einer Sekunde 8 Millionen Operationen pro Rechenwerk ausgeführt werden. Sind die Pipelines beider Rechenwerke voll, dann ist der maximale Durchsatz von 16 MFLOPS erreicht.

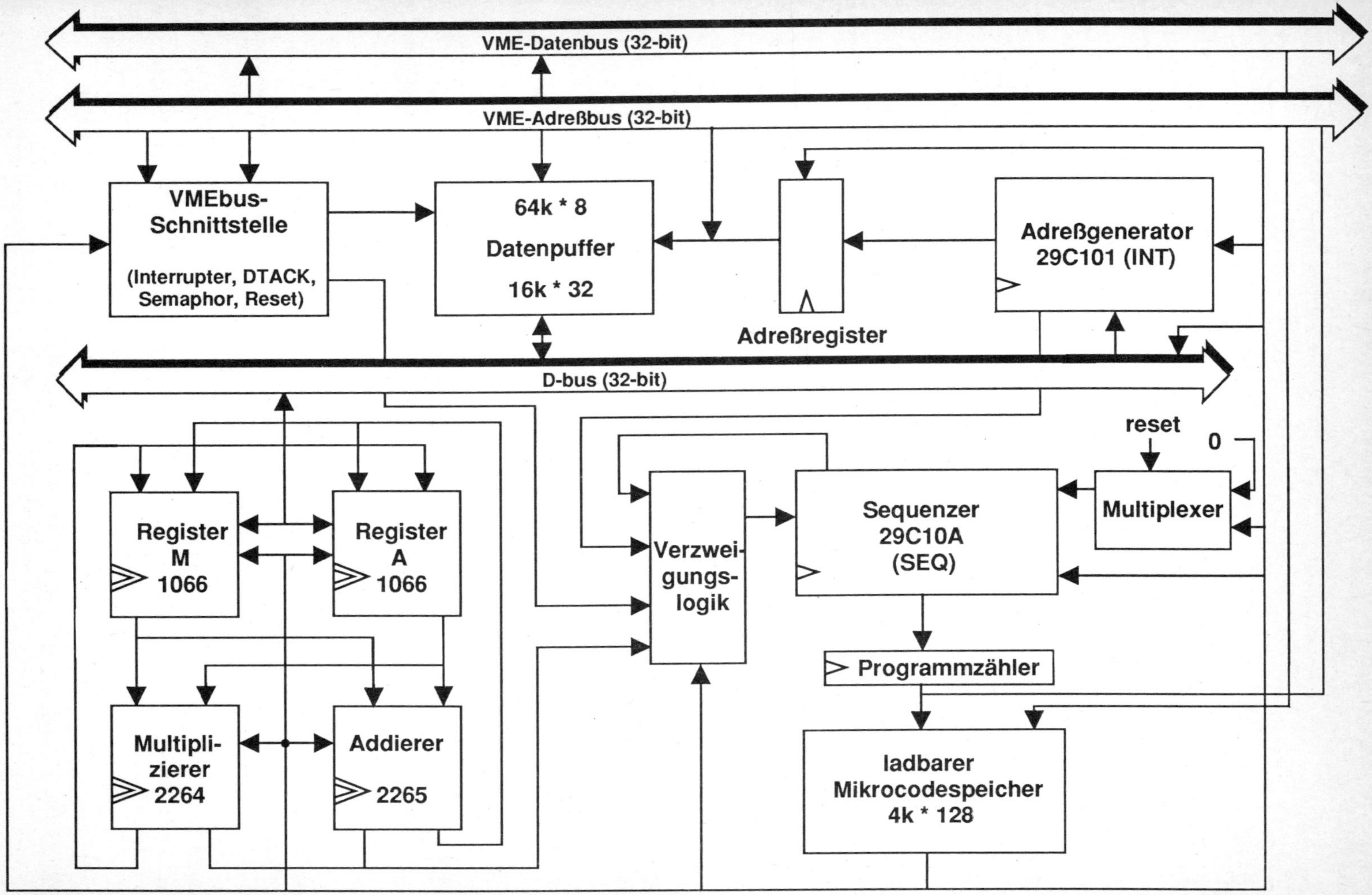

Bild 5.2: Prinzipschaltbild des Koordinatentransformators

Arbeitet hingegen nur *ein* Rechenwerk, und muß vor Einleitung der nächsten Operation erst das Ergebnis der vorhergehenden abgewartet werden (*Datenabhängigkeit*), so reduziert sich der Durchsatz auf die minimale Rechenleistung von 1 MFLOPS (nur der Addierer arbeitet). In jedem Fall ist die Leistungsforderung aus Abschnitt 5.2.2 erfüllt.

Das Potential dieser Bausteine kann nur dann ausgeschöpft werden, wenn die Pipelines voll gehalten werden. Dies wiederum ist nur möglich, wenn genügend viele datenunabhängige Operationen zur Verarbeitung anstehen. Solche Operationen fallen in großer Zahl bei Verknüpfungen von Vektoren und Matrizen an, z.B. bei Skalarprodukt, Vektorprodukt, Matrizenprodukt und Matrix-Vektor-Produkt; dabei werden typischerweise viele Partialprodukte aus den skalaren Elementen von Multiplikand und Multiplikator gebildet, die dann zu Elementen des Ergebnisvektors bzw. der Ergebnismatrix aufsummiert werden. Aus der besonderen Eignung für solche vektorielle Verknüpfungen stammt die Bezeichnung *Vektorprozessor* für Rechenwerke mit Pipeline-Struktur.

Vektorprozessoren bilden auch den Kern heutiger Hochleistungsrechner. Deren maximale Rechenleistung von einigen GigaFLOPS wird jedoch nur bei *vektorisierbaren* Problemen erreicht, bei Problemen also, die in viele gleichartige, aber voneinander unabhängige Einzeloperationen zerlegt werden können. Läßt sich die gegebene Aufgabenstellung nicht vektorisieren, so sinkt die erzielbare Rechenleistung gleich um ein oder mehrere Größenordnungen - ein charakteristischer Unterschied zu *skalaren* Prozessoren, die auch als Vektorprozessoren mit genau einer Pipeline-Stufe aufgefaßt werden können. Das Problem des Anwenders besteht nun darin, sein Programm so zu organisieren (sei es von Hand, sei es mittels eines vektorisierenden Compilers), daß die Pipelines der Rechenwerke möglichst voll gehalten werden können. Dies ist umso schwieriger, je länger die jeweilige Pipeline ist.

Selbst wenn jedoch ein Programm vollständig vektorisierbar ist, bleibt immer noch das Problem, die Operanden bzw. Ergebnisse schnell genug heran- bzw. wegzuschaffen. Im vorliegenden Fall müssen alle 125 ns vier neue Operanden (je zwei für Multiplizierer und Addierer) zugeführt und zwei Ergebnisse abgespeichert, insgesamt also 24 Byte bewegt werden. Das ergibt eine Datenübertragungsrate von 192 MByte/Sekunde. Bei einer Busbreite von 32 Bit darf ein Speicherzyklus dann nur 20 ns lang sein. So extrem schnelle Speicher sind sehr kostspielig und haben eine niedrige Integrationsdichte. Schon aus Rücksicht auf den Wunsch nach einem möglichst großen Speicher für die Verwaltung von Vektoren und Matrizen kann der Datenspeicher deshalb nicht vollständig in dieser schnellen Technologie aufgebaut werden; andererseits muß aber eine schnelle Speicherkomponente existieren, weil sonst der Datentransport statt der Rechenwerke zum Systemengpaß werden würde.

Die hier gewählte Lösung besteht aus einer zweistufigen Speicherorganisation. Den Rechenwerken unmittelbar vorgeschaltet sind zwei Registerblöcke WTL 1066 /Weitek 86a/, welche über die nötige Bandbreite verfügen, um die Rechenwerke voll auszulasten. Jeder Block hat 32 Register à 32 Bit. Die Registerblöcke können als 64 Register für einfach-genaue oder 32 Register für doppelt-genaue Gleitkommazahlen konfiguriert werden. Die Rechenwerke verkehren ausschließlich mit diesen Registerblöcken, lesen also ihre Operanden aus den Registerblöcken aus und legen ihre Ergebnisse dort wieder ab. Außer den Registern enthalten die Blöcke noch die Startwerttabellen für den Divisions- und den Wurzelalgorithmus.

Die zweite Stufe der Speicherhierarchie bildet ein 64k großer und 32 Bit breiter Speicherblock, der als Datenpuffer zwischen den schnellen Registerblöcken und dem Speicher des Rechnersystems dient, in welches der Koordinatentransformator eingebettet ist. In der hier vorgestellten Implementierung belegt der Koordinatentransformator einen Steckplatz in einem VMEbus-System, jedoch wäre im Prinzip auch jedes andere Bussystem geeignet. Über den VMEbus werden die Eingangsdaten (hier: Greifermatrix T_6) im Datenpuffer abgelegt und die Ausgangsdaten (hier: Gelenkkoordinatenvektor $\underline{q}$) abgeholt. Der Koordinatentransformator greift nicht von sich aus auf den VMEbus zu (ist also kein "bus master" im Sinne der VMEbus-Spezifikation /VME 85/), sondern signalisiert seine Bereitschaft zu Datenannahme und -abgabe über einen hardwaremäßig realisierten Semaphor-Speicher. Zugriffskonflikte auf den Datenpuffer können nicht auftreten, weil jeder Taktzyklus in zwei Hälften geteilt wird, deren erste dem VMEbus und deren zweite dem Vektorprozessor vorbehalten ist; es können also in einem Taktzyklus zwei Speicherzyklen (lesend und/oder schreibend) abgewickelt werden. Als Speicherbausteine finden statische RAMs mit 35 ns Zugriffszeit Verwendung.

Der in Bild 5.2 gezeigte D-Bus ist die zentrale Sammelschiene für den Datenverkehr innerhalb des Vektorprozessors. Als Teilnehmer angeschlossen sind die Registerblöcke (bidirektional), der Datenpuffer (bidirektional), der Adreßgenerator (nur lesend) und der Mikroprogrammspeicher (nur schreibend). Aus dem Mikroprogrammspeicher können Konstanten auf den D-Bus gelegt werden. Der Adreßgenerator, ein Bit-Slice-Prozessor 29C101 mit 16-Bit-Architektur, ist an die höchstwertigen 16 Bit des D-Busses angeschlossen. Von dort empfängt er ganzzahlige Werte und speichert sie in einem von 16 internen Registern ab. Der Adreßgenerator verfügt über ein Rechenwerk, mit dem arithmetische und logische Operationen ausgeführt werden können. Dieses wird für die Adreßarithmetik benötigt, um beispielsweise die Zeilen- und Spaltenindices eines Matrixelementes zu berechnen. Die so berechnete Adresse wird dann über einen weiteren 16-Bit-Bus herausgeführt und in einem externen Register zwischengespeichert. In der zweiten Hälfte jedes Taktzyklus wird dann der Ausgang dieses Adreßregisters an den Datenpuffer angelegt (in der ersten Hälfte kommt die Adresse vom VMEbus).

Der Steuerpfad umfaßt all jene Elemente, welche die Reihenfolge der Mikroprogrammbefehle steuern. Der Steuerpfad besteht aus zwei Pipeline-Stufen, die durch das vor dem Mikroprogrammspeicher liegende Register getrennt sind; während in der zweiten Stufe ein Befehlswort ausgeführt wird (durch Anlegen von Steuersignalen an die Rechenwerke), wird in der ersten Stufe bereits die Adresse des nächsten Befehlswortes gebildet.

Der Mikroprogrammspeicher hat eine Kapazität von 4096 Befehlsworten à 128 Bit. Er ist aus statischen RAMs mit 25 ns Zugriffszeit und getrennten Ein- und Ausgängen aufgebaut. Das Mikroprogramm wird zunächst über den VMEbus in den Mikroprogrammspeicher geladen und dann nach Freigabe des RESET-Signals beginnend mit Adresse 0 ausgeführt. Für die Auswahl des nächsten Befehlswortes ist ein Bit-Slice-Sequenzer 29C10A verantwortlich. Im Normalfall zählt dieser die Adressen hoch, er kann jedoch in Abhängigkeit von einer aus 16 möglichen Bedingungen im Programm verzweigen. Diese Bedingungen setzen sich aus Statussignalen des Multiplizierers, Addierers, Adreßgenerators und Semaphor-Speichers zusammen; sie können auch in negierter Form abgefragt werden. Mit Hilfe dieser Logik können datenabhängige Verzweigungen realisiert werden, indem z.B. eine Gleitkommazahl auf ihr Vorzeichen oder auf Null überprüft wird.

Mit Hilfe der internen Register der Adreßgenerators und des im Sequenzer befindlichen Stack mit einer Tiefe vom 9 Worten können auch Schleifen und Unterprogramme programmiert werden.

Bild 5.3 zeigt den Vektorprozessor, in Wire-Wrap-Technik realisiert auf einer Karte im erweiterten Doppeleuropaformat.

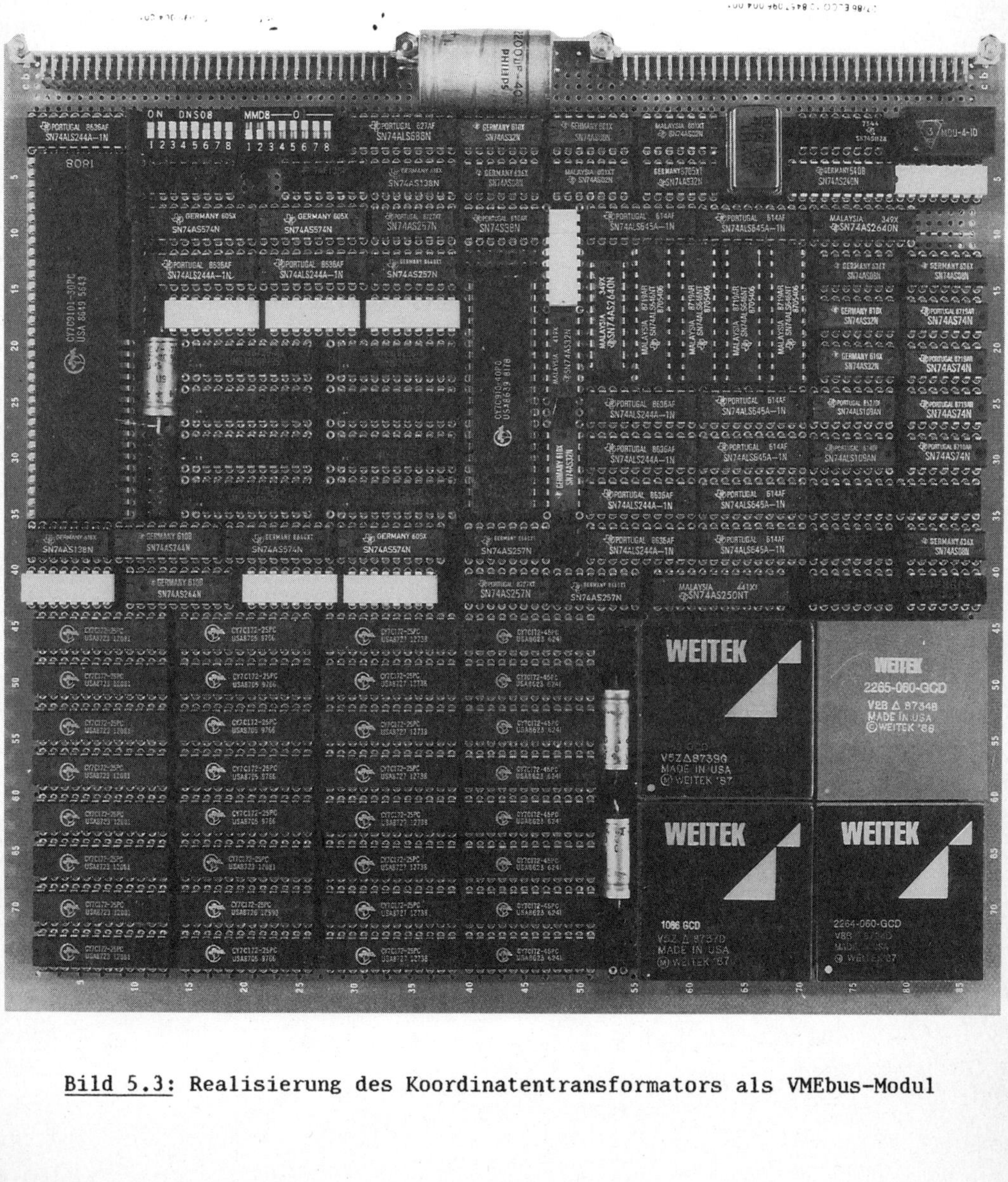

Bild 5.3: Realisierung des Koordinatentransformators als VMEbus-Modul

5.3.2 Software

Bei der Programmierung des Vektorprozessors geht es vor allem darum, die Pipelines der beiden Rechenwerke möglichst ständig gefüllt zu halten. Da bei der Programmierung des Transformationsalgorithmus kein vektorisierender Compiler zur Verfügung stand, sondern lediglich ein Mikrocode-Assembler, mußten diese Optimierungen von Hand vorgenommen werden. Als Beispiel für die Mikroprogrammierung und die Syntax der verwendeten Assemblersprache betrachten wir die Multiplikation zweier (4×4)-Matrizen:

$$\begin{bmatrix} m0 & m1 & m2 & m3 \\ m4 & m5 & m6 & m7 \\ m8 & m9 & m10 & m11 \\ m12 & m13 & m14 & m15 \end{bmatrix} \begin{bmatrix} a0 & a1 & a2 & a3 \\ a4 & a5 & a6 & a7 \\ a8 & a9 & a10 & a11 \\ a12 & a13 & a14 & a15 \end{bmatrix} = \begin{bmatrix} m16 & m20 & a16 & a20 \\ m17 & m21 & a17 & a21 \\ m18 & m22 & a18 & a22 \\ m19 & m23 & a19 & a23 \end{bmatrix}$$

Die Matrixelemente sind durch die Namen der Register bezeichnet, in denen sie zur Laufzeit enthalten sind. Insgesamt werden für die drei Matrizen 48 Register benötigt (die beiden Registerblöcke M und A enthalten insgesamt 64 Register). Das zugehörige Mikroprogramm *mat* ist in Bild 5.4 ausschnittsweise abgedruckt. Jede Programmzeile steht für ein 128 Bit breites Befehlswort, wird also innerhalb eines Taktzyklus von 125 ns ausgeführt. In jedem Taktzyklus können gleichzeitig

- 4 Operanden ausgelesen werden (je zwei für Multiplizierer und Addierer),
- 2 Operanden zurückgeschrieben werden (je einer für Produkt und Summe),
- 1 Operand mit dem Datenpuffer ausgetauscht werden (*get* bzw. *put*),
- eine Multiplikation (*mult*) und eine Addition (*add*) gestartet werden,
- ein ALU-Befehl im Adreßgenerator ausgeführt werden (z.B. *i5=i5+i4*),
- eine Kontrollflußoperation im Sequenzer ausgeführt werden (z.B. Sprung).

Verfolgen wir die Arbeitsweise des Vektorprozessors an Hand unserers Beispiels und mit Blick auf das Blockdiagramm in Bild 5.2. Es werden zunächst die Elemente der zu multiplizierenden Matrizen mit Hilfe von *get*-Befehlen aus dem Datenpuffer in die Register eingelesen. Wir setzen voraus, daß die Adreßregister *i1* und *i2* vor Aufruf der *mat*-Routine auf das jeweils erste Element der beiden Matrizen zeigen; im weiteren Verlauf der Rechnung wird *i1* spalten- und *i2* zeilenweise inkrementiert werden.

```
mat             get a0                                                          ;
                get m0                                          i4=#4           ;
        bus=ram get m4                                          i2=i2       ya  ;
        bus=ram get m8   mult m0 *a0                            i5=i1       ya  ;
        bus=ram get m12  mult m4 *a0                            i5=i5+i4    ya  ;
        bus=ram get a1   mult m8 *a0                            i5=i5+i4    ya  ;
        bus=ram          mult m12*a0                            i5=i5+i4    ya  ;
        bus=ram          mult m0 *a1                            inc i2      ya  ;
                         mult m4 *a1  *m16                                      ;
                get a2   mult m8 *a1  *m17                                      ;
                         mult m12*a1  *m18                                      ;
        bus=ram          mult m0 *a2  *m19                      inc i2      ya  ;
                         mult m4 *a2  *m20                                      ;
                get a3   mult m8 *a2  *m21                                      ;
                         mult m12*a2  *m22                                      ;
        bus=ram          mult m0 *a3  *m23                      inc i2      ya  ;
                get a4   mult m4 *a3  *a16                                      ;
                get m1   mult m8 *a3  *a17                      inc i1          ;
        bus=ram get m5   mult m12*a3  *a18                      inc i2      ya  ;
        bus=ram get m9   mult m1 *a4  *a19                      i5=i1       ya  ;
        bus=ram get m13  mult m5 *a4  *a20                      i5=i5+i4    ya  ;
        bus=ram get a5   mult m9 *a4  *a21                      i5=i5+i4    ya  ;
        bus=ram          mult m13*a4  *a22                      i5=i5+i4    ya  ;
        bus=ram          mult m1 *a5  *a23                      inc i2      ya  ;
                         mult m5 *a5  *a24                                      ;
                get a6   mult m9 *a5  *a24  add a24+m16                         ;
                         mult m13*a5  *a24  add a24+m17                         ;
        bus=ram          mult m1 *a6  *a24  add a24+m18         inc i2      ya  ;
                         mult m5 *a6  *a24  add a24+m19                         ;
                get a7   mult m9 *a6  *a24  add a24+m20                         ;
                         mult m13*a6  *a24  add a24+m21                         ;
        bus=ram          mult m1 *a7  *a24  add a24+m22         inc i2      ya  ;
                get a8   mult m5 *a7  *m24  add a24+m23  +m16                   ;
                get m2   mult m9 *a7  *m24  add m24+a16  +m17   inc i1          ;
        bus=ram get m6   mult m13*a7  *m24  add m24+a17  +m18   inc i2      ya  ;
        bus=ram get m10  mult m2 *a8  *m24  add m24+a18  +m19   i5=i1       ya  ;
        bus=ram get m14  mult m6 *a8  *m24  add m24+a19  +m20   i5=i5+i4    ya  ;
        bus=ram get a9   mult m10*a8  *m24  add m24+a20  +m21   i5=i5+i4    ya  ;
        bus=ram          mult m14*a8  *m24  add m24+a21  +m22   i5=i5+i4    ya  ;
        bus=ram          mult m2 *a9  *m24  add m24+a22  +m23   inc i2      ya  ;
                         mult m6 *a9  *a24  add m24+a23  +a16                   ;
                get a10  mult m10*a9  *a24  add a24+m16  +a17                   ;
                         mult m14*a9  *a24  add a24+m17  +a18                   ;
        bus=ram          mult m2 *a10 *a24  add a24+m18  +a19   inc i2      ya  ;
                         mult m6 *a10 *a24  add a24+m19  +a20                   ;
                get a11  mult m10*a10 *a24  add a24+m20  +a21                   ;
                         mult m14*a10 *a24  add a24+m21  +a22                   ;
        bus=ram          mult m2 *a11 *a24  add a24+m22  +a23   inc i2      ya  ;
                get a12  mult m6 *a11 *m24  add a24+m23  +m16                   ;
                get m3   mult m10*a11 *m24  add m24+a16  +m17   inc i1          ;
        bus=ram get m7   mult m14*a11 *m24  add m24+a17  +m18   inc i2      ya  ;
        bus=ram get m11  mult m3 *a12 *m24  add m24+a18  +m19   i5=i1       ya  ;
```

Bild 5.4: Ausschnitt aus einem Mikroprogramm (Matrixmultiplikation)

In Zeile 1 wird ein Schreibbefehl an den Registerblock A mit der Adresse 0 angelegt (*get a0*). Wegen der internen Pipeline-Struktur der Registerblöcke werden die Daten erst zwei Takte später eingelesen: in Zeile 3 wird ein Operand aus dem Datenpuffer auf den internen D-Bus ausgegeben (*bus = ram*), dessen Adresse im selben Zyklus im Adreßgenerator gebildet (*i2 = i2*) und in das Adreßregister übernommen wurde (mit Hilfe des *ya*-Befehls, der den Ausgang des Adreßgenerators - also den Wert des Ausdrucks rechts vom Gleichheitszeichen - in das Adreßregister übernimmt). Ebenfalls im selben Zyklus kann das eingelesene Register bereits als Quelloperand für eine Multiplikation oder Addition dienen; die Latenz des *get*-Befehls beträgt also 2 Zyklen.

Da für eine Multiplikation zwei Operanden benötigt werden und diese erst durch zwei *get*-Befehle eingelesen werden müssen, kann die erste Multiplikation frühestens im vierten Zyklus gestartet werden (*mult m0*a0*). 5 Zyklen später erscheint das Produkt am Ausgang des Multiplizierers und kann in ein M- oder A-Register zurückgeschrieben werden (**m16*). Einen weiteren Zyklus später kann der zurückgeschriebene Wert erneut als Quelloperand verwendet werden. Die Latenz des Multplizierers beträgt somit 6 Zyklen.

Nachdem der Multiplizierer die Partialprodukte erzeugt hat, werden sie durch den Addierer aufsummiert. 7 Zyklen nach dem Start der Addition (*add a24+m16*) erscheint die Summe am Ausgang des Addierers und kann in ein Register abgespeichert werden (*+m16*). Die Latenz des Addierers beträgt somit 8 Zyklen. Die Addierbefehle bieten übrigens ein Beispiel für ökonomische Registerbelegung: einer der beiden Summanden befindet sich jeweils in einem Hilfsregister (*m24* oder *a24*), in welches genau im vorhergehenden Zyklus das aufzusummierende Partialprodukt geschrieben wurde. Da diese Partialprodukte nur einmal explizit benötigt und sofort weiterverarbeitet werden, kann das Hilfsregister in jedem Zyklus neu überschrieben werden. Die Zahl der Hilfsregister ist also unabhängig von der Zahl der Partialprodukte (nach diesem Prinzip arbeiten auch die systolischen Feldrechner).

Die Verwendung zweier Hilfsregister statt eines einzigen ist dadurch bedingt, daß aus jedem Registerblock pro Zyklus nur zwei Operanden ausgelesen werden können (also zwei M- und zwei A-Register, nicht jedoch z.B. drei M-Register und ein A-Register). Geschickte Registerbelegung ist also Voraussetzung für die gleichzeitige Auslastung beider Rechenwerke.

Schon rein optisch vermittelt Bild 5.4 Informationen über die Auslastung der Rechenwerke. Während der Multiplizierer fast von Anfang an ausgelastet ist, hat der Addierer anfangs nichts zu tun. Erst wenn genügend Partialprodukte gebildet worden sind, beginnt der Addierer mit deren Aufsummierung zu den Elementen der Produktmatrix. Ab diesem Zeitpunkt laufen beide Rechenwerke mit der vollen Leistung von 16 MFLOPS, bis das letzte Partialprodukt gebildet worden ist und der Multiplizierer leer läuft. Im Prinzip könnten die leerlaufenden Rechenwerke auch für andere Rechenaufgaben eingesetzt werden; der "vector startup overhead", der bei kommerziellen Höchstleistungsrechnern als feste Größe in Kauf genommen werden muß, kann bei der hier gezeigten "very long instruction word"-Architektur durch geeignete Mischung vektorieller und skalarer Operationen minimiert werden.

Das hier diskutierte Beispiel einer Matrixmultiplikation ist relativ einfach zu optimieren, da keine (datenabhängigen) Verzweigungen vorkommen. Wie bei jedem Rechner mit Pipeline-Strukur, so gilt auch für den hier vorgestellten Vektorprozessor, daß Programmverzweigungen kostspielig sind: jedes Mal muß nämlich die Pipeline erst "leerlaufen", muß also das Ende der begonnenen Operationen abgewartet werden, bevor in einen neuen Programmabschnitt verzweigt werden kann. Je länger die Pipeline ist, desto nachteiliger wirken sich Verzweigungen auf die Rechenleistung aus.

Derartige Nachteile können vermieden werden, wenn man die Programmabschnitte so überlappt, daß in jedem Taktzyklus eine neue Operation eingeleitet wird. Dies ist normalerweise nur bei lokalen Schleifen möglich, da hier die Registerbelegung bekannt ist. Bei globalen Verzweigungen (Prozeduraufrufe) ist eine solche Überlappung meist nicht möglich, da die Prozeduren sonst nicht seiteneffektfrei programmiert werden könnten; moderne vektorisierende Compiler sind allerdings heute in der Lage, durch globale Datenflußanalysen separat formulierte Prozeduren so umzuformen, daß ein gewisses Maß an Überlappung erreicht wird. Ohne derartige Compiler besteht freilich für den Programmierer ein Zielkonflikt zwischen optimalem Durchsatz und modularem Programmaufbau. Es muß jeweils an Hand der gegebenen Aufgabenstellung untersucht werden, wo eine Aufteilung in separate Prozeduren möglich ist und wo nicht.

6. Zusammenfassung

Ziel dieser Arbeit war die Entwicklung eines Koordinatentransformators für sechsachsige Industrieroboter, der das inverse kinematische Problem mit Hilfe einer leistungsfähigen Rechnerarchitektur in Echtzeit (1 ms pro Transformation) lösen sollte. Das inverse kinematische Problem, bei dem die Gelenkvariablen - Drehwinkel bei Drehachsen, Vorschübe bei Schubachsen - aus Position und Orientierung des Greifers berechnet werden müssen, zählt zu den rechenintensivsten Teilproblemen einer Robotersteuerung.

Zur mathematischen Modellbildung wurde das Denavit-Hartenberg-Verfahren herangezogen. Dieses Verfahren legt in jedes Gelenk ein kartesisches Koordinatensystem, derart, daß die z-Achse mit der Dreh- bzw. Schubachse zusammenfällt. Durch zwei Translationen und zwei Rotationen lassen sich benachbarte Koordinatensysteme ineinander überführen. Mathematisch kann diese Überführung durch eine homogene Transformationsmatrix ausgedrückt werden; durch sechsfache Matrixmultiplikation läßt sich dann ein in Greiferkoordinaten gegebener Bahnpunkt in ein festes Bezugssystem transformieren. Dieser Formalismus führt zu einem sechsdimensionalen, nichtlinearen Gleichungssystem, in dem die gesuchten Größen (soweit es sich um Drehwinkel handelt) als Argumente trigonometrischer Funktionen auftreten. Dieses Gleichungssystem ist nicht in geschlossener Form lösbar.

In der vorliegenden Arbeit wurde ein neuer Algorithmus entwickelt, der einen Mittelweg bietet zwischen universellen, aber relativ ineffizienten Verfahren und solchen Verfahren, die auf spezielle Geometrien zugeschnitten sind und somit eine geringe Anwendungsbreite haben. Der hier entwickelte Algorithmus macht gegenüber dem allgemeinen Fall folgende Einschränkungen:

(1) Es werden nur Roboter mit genau sechs unabhängigen Freiheitsgraden betrachtet, nicht jedoch Roboter, die kinematisch unter- (< 6) oder überbestimmt (> 6) sind.

(2) Der Roboter muß in eine Haupt- und eine Nebenstruktur zu je drei Achsen zerlegbar sein. Es wird vorausgesetzt, daß die ersten drei Achsen (*Hauptachsen*) im wesentlichen für die Greiferposition verantwortlich sind, während die letzten drei Achsen (*Nebenachsen*) im wesentlichen der

Orientierung des Greifers dienen. Daraus folgt, daß unter den Nebenachsen keine Schubachse sein darf. Es folgt ferner, daß die Abmessungen der Nebenstruktur klein sein müssen gegenüber den Abmessungen der Hauptstruktur; idealerweise sollten sich die Nebenachsen in einem Punkte schneiden (*Zentralhand*).

(3) Die Haupt- und Nebenachsen müssen jeweils senkrecht oder parallel zueinander liegen (*orthogonaler Roboter*). Die erste Nebenachse darf jedoch windschief zur letzten Hauptachse liegen.

Die beiden letzten Einschränkungen werden von allen marktgängigen Industrierobotern erfüllt. Der Transformationsalgorithmus berechnet nun abwechselnd die Gelenkvariablen der Haupt- und der Nebenstruktur, wobei die Variablen der jeweils anderen Struktur festgehalten werden. Der Fehler, der dadurch entsteht, daß nicht alle sechs Gelenkvariablen gleichzeitig berechnet werden, ist umso kleiner, je besser die unter (2) gemachte Voraussetzung zutrifft. Im idealen Fall der Zentralhand terminiert der Algorithmus nach dem ersten Iterationszyklus; ansonsten iteriert der Algorithmus solange, bis entweder der Restfehler eine vorgegebene Schranke unterschreitet oder eine maximale Zyklenzahl überschritten wird.

Mathematisch gesehen bedeutet die getrennte Berechnung der Gelenkvariablen von Haupt- und Nebenstruktur eine Aufspaltung des sechsdimensionalen Gleichungssystems in zwei dreidimensionale Gleichungssysteme. Diese dreidimensionalen Gleichungssysteme werden in der vorliegenden Arbeit durch Fallunterscheidung gelöst. Einschränkung (3) stellt sicher, daß es nur endlich viele Fälle gibt; an kinematisch sinnvollen Strukturen ergeben sich letztlich zwanzig Hauptstrukturen und eine Nebenstruktur. Diese Strukturen sind alle quadratisch lösbar; ohne die Einschränkung (3) müßten hingegen Gleichungen vierten Grades gelöst werden. Die Beschränkung auf orthogonale Kinematiken vermindert jedoch nicht nur den Rechenaufwand, sondern gestattet es auch, die Lösungsformeln aus der Geometrie des jeweiligen Roboters herzuleiten sowie alternative Gelenkstellungen geometrisch zu deuten. In dieser Arbeit werden für alle orthogonalen Roboter die Lösungsformeln angegeben, wobei alle konstanten Denavit-Hartenberg-Parameter als von Null verschieden angenommen werden. Außer den Lösungsformeln werden für jeden Fall alle singulären und alternativen Stellungen sowie der Rechenaufwand angegeben.

Der Transformationsalgorithmus kommt im iterativen Teil ohne kostspielige trigonometrische Funktionen aus. Unter Normalbedingungen (Bahnpunkte sind eng benachbart, Roboter befindet sich nicht in der Nähe einer Singularität) konvergiert der Algorithmus nach 1 bis 3 Iterationszyklen. Daraus ergibt sich eine Leistungsforderung von 1 MFLOPS ("million floating-point operations per second"), um die Koordinatentransformation in einer Millisekunde durchführen zu können. Um diese Rechenleistung zu erbringen, wurde ein mikroprogrammierbarer Vektorprozessor mit einer minimalen Rechenleistung von 1 MFLOPS und einer maximalen Rechenleistung von 16 MFLOPS gebaut. Die maximale Rechenleistung wird dann erreicht, wenn die Pipelines der beiden parallel arbeitenden Rechenwerke (je ein Gleitkommamultiplizierer udd -addierer) stets voll gehalten werden können; dies trifft für die regulären Teile des Transformationsalgorithmus (z.B. bei Matrixmultiplikationen) zu. Auch bei den irregulären Teilen wird jedoch zumindest die minimale Rechenleistung erbracht und damit die Echtzeitfähigkeit des Koordinatentransformators sichergestellt.

Der Koordinatentransformator wurde in Wire-Wrap-Technik als VMEbus-Modul aufgebaut und in ein Robotersimulationssystem integriert. Durch gezielten Einsatz schneller Hardware können auch andere rechenintensive Teilprobleme der Robotersteuerung (Bahnplanung, Kollisionsvermeidung) in Zukunft echtzeitfähig gemacht werden, ohne die Anwendungsbreite der jeweiligen Algorithmen einengen zu müssen.

7. Literaturverzeichnis

/Angeles 84/
Angeles, J.; Rojas, A.: Manipulator inverse kinematics via condition-number minimization and continuation. International Journal of Robotics and Automation, Bd. 2, Nr. 2, 1987, S. 61-69.

/Bisiani 83/
Bisiani, R.; Mauersberg, H.; Reddy, R.: Task-oriented architectures. Proceedings of the IEEE, Bd. 71, Nr. 7, Juli 1983, S. 885-898.

/Blume 81/
Blume, C.; Dillmann, R.: Frei programmierbare Manipulatoren. Vogel-Verlag, Würzburg, 1981.

/Bohlender 87/
Bohlender, G.; Teufel, T.: BAP-SC: a decimal floating-point processor for optimal arithmetic. Computer arithmetic, Teubner-Verlag, Stuttgart, 1987, S. 31-58.

/Bohr 83/
Bohr, B.M.: Ein Beitrag zur Leistungsanalyse und Optimierung von Bahnsteuerungssystemen für Industrieroboter. Dissertation, RWTH Aachen, 1983.

/Denavit 55/
Denavit, J.; Hartenberg, R.S.: A kinematic notation for lower-pair mechanisms based on matrices. Journal of Applied Mechanics, Bd. 22, Nr. 3, 1955, S. 215-221.

/Engeln-Müllges 85/
Engeln-Müllges, G.; Reutter, F.: Numerische Mathematik für Ingenieure. B.I.-Wissenschaftsverlag, Mannheim, 1985.

/Gal 85/
Gal, J.A.: On the use of physical link parameters in the algebraic description of mechanical manipulators. Proc. of the International Conference on Advanced Robotics, 1985, S. 267-274.

/Giloi 83/
Giloi, W.K.: Towards a taxonomy of computer architecture based on the machine data type view. Proceedings of the 10th International Symposium on Computer Architecture, 1983, S. 6-15.

/Goldenberg 85/
Goldenberg, A.A.; Benhabib, B.; Fenton, R.G.: A complete generalized solution to the inverse kinematics of robots. IEEE Journal of Robotics and Automation, Bd. 1, Nr. 1, März 1985, S. 14-20.

/Hansen 83/
Hansen, J.A.; Gupta, K.C.; Kazerounian, S.M.K.: Generation and evaluation of the workspace of a manipulator. Journal of Robotics Research, Bd. 2, Nr. 3, Herbst 1983, S. 22-31.

/Heiß 85/
Heiß, H.: Die explizite Lösung der kinematischen Gleichung für eine Klasse von Industrierobotern. Dissertation, TU Berlin, 1985.

/Hiller 86/
Hiller, M.; Woernle, C.: Ein systematisches Verfahren zur numerischen Behandlung der Rückwärtstransformation bei Industrierobotern. VDI-Bericht Nr. 598, VDI-Verlag, Düsseldorf, 1986, S. 147-161.

/Hollerbach 83/
Hollerbach, J.M.; Sahar, G.: Wrist-partitioned, inverse kinematic accelerations and manipulator dynamics. Journal of Robotics Research, Bd. 2, Nr. 4, Winter 1983, S. 61-76.

/IEEE 84/
IEEE: A proposed standard for binary floating-point arithmetic. Draft 10.1 of IEEE Task P754, New York, 1984.

/Klein 83/
Klein, C.A.; Huang, C.: Review of pseudoinverse control for use with kinematically redundant manipulators. IEEE Transactions on Systems, Man and Cybernetics, Bd. 13, Nr. 3, März/April 1983, S. 245-250.

/Konstantinov 80/
Konstantinov, M.S.; Markov, M.D.: Discrete positions method in kinematics and control of spatial linkages. Mechanism and Machine Theory, Bd. 15, 1980, S. 47-60.

/Kulisch 81/
Kulisch, U.; Miranker, W.L.: Computer arithmetic in theory and practice. Academic Press, New York, 1981.

/Lathrop 85/
Lathrop, R.H.: Parallelism in manipulator dynamics. The International Journal of Robotics Research, Bd. 4, Nr. 2, Sommer 1985, S. 80-102.

/Lee 86/
Lee, C.S.G.; Chang, P.R.: Efficient parallel algorithm for robot inverse dynamics computation. IEEE Transactions on Systems, Man and Cybernetics, Bd. SMC-16, Nr. 4, Juli/August 1986, S. 532-542.

/Lee 87/
Lee, C.S.G.; Chang, P.R.: A maximum pipelined CORDIC architecture for inverse kinematic position computation. IEEE Journal of Robotics and Automation, Bd. RA-3, Nr. 5, Oktober 1987, S. 445-458.

/Lenarcic 83/
Lenarcic, J.: A new method for calculating the Jacobian for a robot manipulator. Robotica, Bd. 1, 1983, S. 203-209.

/Lenarcic 85/
Lenarcic, J.: An efficient numerical approach for calculating the inverse kinematics for robot manipulators. Robotica, Bd. 3, 1985, S. 21-26.

/Leung 87/
Leung, S.S.; Shanblatt, M.A.: Real-time DKS on a single chip. IEEE Journal of Robotics and Automation, Bd. RA-3, Nr. 4, August 1987, S. 281-290.

/Lumelsky 84/
Lumelsky, V.J.: Iterative coordinate transformation procedure for one class of robots. IEEE Transactions on Systems, Man and Cybernetics, Bd. 14, Nr. 3, Mai/Juni 1984, S. 500-505.

/McCarthy 86/
McCarthy, J.M.: Dual orthogonal matrices in manipulator kinematics. Journal of Robotics Research, Bd. 5, Nr. 2, Sommer 1986, S. 45-51.

/Mehner 86/
Mehner, F.: Aufbau und Implementierung einer on-line-Bahnsteuerung. VDI-Bericht Nr. 598, 1986, S. 431-447.

/Milenkovic 83/
Milenkovic, V.; Huang, B.: Kinematics of major robot linkage. Proc. of the 13th International Symposium on Industrial Robots, 1983, S. 16/31-16/47.

/Nigam 85/
Nigam, R.; Lee, C.S.G.: A multiprocessor-based controller for the control of mechanical manipulators. IEEE Journal of Robotics and Automation, Bd. RA-1, Nr. 4, Dezember 1985, S. 173-182.

/Orin 84/
Orin, D.E.; Schrader, W.W.: Efficient computation of the Jacobian for robot manipulators. Journal of Robotics Research, Bd. 3, Nr. 4, Winter 1984, S. 66-75.

/Paul 72/
Paul, R.P.: Modelling, trajectory calculation and servoing of a computer controlled arm. Dissertation, Stanford University, 1972.

/Paul 81/
Paul, R.P.: Robot manipulators: mathematics, programming and control. MIT Press, Cambridge, 1981.

/Pieper 68/
Pieper, D.L.: The kinematics of manipulators under computer control. Dissertation, Stanford University, 1968.

/Schopen 86/
Schopen, M.: Die Auswahl von Handhabungsgeräten auf Grund der charakteristischen Merkmale ihrer kinematischen Strukturen. VDI-Fortschrittsberichte, Reihe 2, Nr. 127, VDI-Verlag, Düsseldorf, 1987.

/Takano 85/
Takano, M.: A new effective solution for inverse kinematics problem (synthesis) of a robot with any type of configuration. Journal of the Faculty of Engineering, University of Tokyo (B), Bd. 38, Nr. 2, 1985, S. 107-135.

/Taylor 79/
Taylor, R.H.: Planning and execution of straight line manipulator trajectories. IBM Journal of Research and Development, Bd. 23, Nr. 4, Juli 1979, S. 424-436.

/Tsai 87/
Tsai, Y.T.; Orin, D.E.: A strictly convergent real-time solution for inverse kinematics of robot manipulators. Journal of Robotic Systems, 4 (4), 1987, S. 477-501.

/Wang 85/
Wang, L.T.; Ravani, B.: Recursive computations of kinematic and dynamic equations for mechanical manipulators. IEEE Journal of Robotics and Automation, Bd. 1, Nr. 3, September 1985, S. 124-131.

/Wampler 86/
Wampler II, C.W.: Manipulator inverse kinematics solutions based on vector formulations and damped least-squares methods. IEEE Transactions on Systems, Man and Cybernetics, Bd. 16, Nr. 1, Januar/Februar 1986, S. 93-101.

/Weitek 84a/
Weitek: Performing floating-point division with the WTL 1032/1033. Application note, Weitek Corporation, Sunnyvale, Kalifornien, 1984.

/Weitek 84b/
Weitek: Performing floating-point square root with the WTL 1032/1033. Application note, Weitek Corporation, Sunnyvale, Kalifornien, 1984.

/Weitek 86a/
Weitek: WTL 1066 32×32 six port register file. Weitek Corporation, Sunnyvale, Kalifornien, 1986.

/Weitek 86b/
Weitek: WTL 2264/WTL 2265 floating-point multiplier/divider and ALU. Weitek Corporation, Kalifornien, 1986.

/Whitney 69/
Whitney, D.E.: Optimum step size control for Newton-Raphson solution of nonlinear vector equations. IEEE Transactions on Automatic Control, Oktober 1969, S. 572-574.

Carl Georg Hartung

Hüthig

Programmierung einer Klasse von Multiprozessorsystemen mit höheren Petri-Netzen

1988, 152 S., kart., DM 38,—
ISBN 3-7785-1638-8

Die Fragestellung, nach welchem Konzept Multiprozessorsysteme programmiert werden sollen, gewinnt mit der steigenden Anzahl solcher Rechnersysteme eine immer größere Bedeutung. Die traditionellen Methoden der Parallelprogrammierung mit sequentiellen Prozessen und expliziter Synchronisation nutzen zwar Multiprozessorsysteme gut aus, werfen aber große Probleme beim Test und insbesondere auch bei Korrektheitsuntersuchungen auf, da parallel Programme nicht vollständig getestet werden können.

Ausgehend von dieser Fragestellung wird in dieser Arbeit eine auf höheren Petri-Netzen basierende Programmierung von Multiprozessorsystemen untersucht. Nach einer ausführlichen Einführung in Petri-Netze und insbesondere höhere Petri-Netze wird an einer Reihe von Beispielen - parallelen Algorithmen, einem komplexen Teil aus einem parallelen Betriebssystem und einem Modell eines einfachen flexiblen Fertigungssystems - demonstriert, daß höhere Petri-Netze nicht nur ein ausgezeichnetes Beschreibungsmittel für parallele Abläufe sind, sondern darüber hinaus Analysenmöglichkeiten bieten, mit denen parallele Modelle sehr weitgehend untersucht und auch „invariante" Aussagen über ihr Verhalten bei paralleler Ausführung ermittelt werden können.

Aus diesem Grund wird in dieser Arbeit vorgeschlagen, höhere Petri-Netze für die Programmierung von Parallelrechnersystemen einzusetzen. Daher wird auf der Basis einer modernen Programmiersprache mit abstrakten Datentypen - Concurrent-Pascal - eine neue Programmiersprache, die Sprache CPN (Concurrent-Pascal für Netze), vorgestellt. Sie gestattet sowohl die Formulierung von Netzmodulen, die nach den Markenspielregeln für höhere Petri-Netze parallel ausgeführt werden, als auch die Programmierung mit „gemeinsamen Objekten" und sequentiellen Prozessen, in denen der Programmierer die Synchronisation optimal an den parallelen Algorithmus anpassen kann.

Der letzte Teil der Arbeit ist der Fragestellung gewidmet, wie „Petri-Netz-Programme" auf Parallelrechnern ausgeführt werden können. Ausführlich wird ein Laufzeitsystem zur Ausführung des Markenspiels auf einem Multiprozessorsystem mit gemeinsamen Speicher vorgestellt. Daneben werden aber auch Möglichkeiten der verteilten Ausführung auf Systemen ohne gemeinsamen Speicher diskutiert.

Dr. Alfred Hüthig Verlag
Im Weiher 10
6900 Heidelberg 1